Edilson Gomes de Lima

Dispensados pelo Excesso de Contingente

A era do desemprego e das oportunidades pela ciência, engenharia e inovações

EDITORA CIÊNCIA MODERNA

Dispensados pelo Excesso de Contingente - A era do desemprego e das oportunidades pela ciência, engenharia e inovações

Editor: Paulo André P. Marques
Produção Editorial: Dilene Sandes Pessanha
Capa: Daniel Jara
Diagramação: Daniel Jara
Copidesque: Equipe Ciência Moderna

FICHA CATALOGRÁFICA

LIMA, Edilson Gomes de.

Dispensados pelo Excesso de Contingente - A era do desemprego e das oportunidades pela ciência, engenharia e inovações

Rio de Janeiro: Editora Ciência Moderna Ltda., 2022.

1. Engenharia Mecânica
I — Título

ISBN: 978-65-5842-134-4 CDD 620.1

Editora Ciência Moderna Ltda.
R. Alice Figueiredo, 46 – Riachuelo
Rio de Janeiro, RJ – Brasil CEP: 20.950-150
Tel: (21) 2201-6662/ Fax: (21) 2201-6896
E-MAIL: LCM@LCM.COM.BR
WWW.LCM.COM.BR **01/22**

"Fabricação, ciência e engenharia são... incrivelmente criativas. Atrevo-me a dizer isso mais do que as criativas agências de publicidade e coisas que são conhecidas como indústrias criativas".

James Dyson

Dedicatória:

A todos que contribuem com o progresso
científico, econômico e produtivo.

Agradecimentos:
A todos que contribuem com o progresso industrial.

I. Introdução

Este livro apresenta um estudo sobre oportunidades para reverter a desindustrialização e discutir as novas tendências industriais, tecnológicas e engenharias, além de expor o drama do desemprego em massa e tentar demonstrar meios para geração de empregos. Diante de um desemprego em massa atual o título da obra de forma comparativa, usou o termo usado pelo exército, quando há a dispensa pelo excesso de contingente, referindo-se ao desemprego em massa. No entanto, a obra tem como foco apresentar alternativas para a geração de emprego em volume e a reindustrialização. Apesar dos conceitos e ideias apresentadas ao longo deste trabalho se aplicarem a quase todos os locais do planeta, o foco será como estudo de caso o Brasil e em alguns estados, cidades e localidades específicas pelo mundo. A ideia está muito além de descrever a atual situação econômica do país que perdura a décadas com a intensa desindustrialização se alastrando com desemprego em massa. Como dito, este estudo tirou dessa situação crítica o título, ou seja, o que mais temos hoje em dia no brasil e na maioria dos países são pessoas qualificadas desempregadas e com diploma enfeitando parede. São pessoas com qualificações diversas, de universitários a técnicos, a maioria massiva no desemprego ou empregos bem abaixo de suas qualificações, como resultado a economia perde em produção. Devido a essa realidade, o título do trabalho associa o desemprego com a dispensa do exército que ocorre por um caso pouco semelhante em partes, ou seja: "*dispensados pelo excesso de contingente*". O que indica um desequilíbrio na quantidade de empresas pela quantidade de pessoas aptas aos trabalhos disponíveis. Um exemplo claro e simples entre oferta e demanda e tal como na dispensa do exército, algo um pouco semelhante, ocorre no mercado de trabalho. Vivemos assim a era dos dispensados pelo excesso de contingente de mão de obra. Fato que evidencia a fraqueza econômica e a desindustrialização. Simplesmente porque se formou um grave desequilíbrio entre oferta e demanda na mão de obra de muitos países. No entanto, essa obra vai além e busca meios e os apresenta para minimizar e desfazer esses problemas.

O objetivo principal é mostrar os caminhos e meios de se gerar empregos pelo brasil inteiro e que serve como modelo a muitos países. Em tese, ao menos um milhão de empregos poderiam ser gerados ao se aplicar as ideias, conceitos e teorias apresentadas ao longo dessa obra, especialmente um programa de estudo para reindustrialização. Sendo o objetivo específico deste trabalho transformar essa metodologia em uma máquina de gerar empregos. Obviamente na maioria dos casos pontuais poderá ser gerado ao menos um emprego para a própria pessoa, assim como em casos maiores muitos empregos, e.g., por ações do estado, implantação de polos industriais e facilidade de negócios com menos burocracias por ações de grande porte, só o estado tem o poder para provocar investimento em progresso e ciência industrial que é uma máquina de gerar empregos e empresas, mas todos nós temos a chance de buscar algo, criar, inventar, trabalhar e empreender.

Não obstante, a obra: como fazer amigos e influenciar pessoas é um clássico na literatura de negócios, e se tornou uma referência mundial no assunto de que trata. Embora seja realmente muita ambição, essa presente obra pretende instalar uma nova metodologia, com processos, procedimentos e ideias que se aplicadas poderão gerar empresas e empregos em massa. Você já se questionou como é curioso hoje a quantidade de pessimistas, gente que só aponta tragédias e problemas, até as TVs só apresentam problemas e picuinhas, a maioria dos noticiários, 85% ou mais, é idolatrando e discutindo picuinhas e problemas de políticos. Algo como 10% discutindo tragédias e 5% assuntos aleatórios e indiferentes as pessoas e aos indivíduos. Na maioria dos casos, simplesmente excluindo o ambiente corporativo e de negócios. Praticamente, os indivíduos, as empresas, e o setor produtivo são excluídos da grande mídia. Assim como as coisas importantes que podem fazer diferença, como ciência, pesquisa, estudo, progresso, educação ambiental, desenvolvimento pessoal e profissional. E diante de tantos caranguejos puxando nossos pés para que não escapemos da arapuca ou balde, esta obra tenta trazer uma saída para as péssimas influências ao mesmo tempo apresentar um novo conceito para negócios. Muito além do ganha-ganha, a ideia é gerar e identificar demandas a todo custo, e com essas demandas as ofertas vão surgindo, fechando o ciclo em casamentos ideias. Assim como criar a oferta para gerar a demanda.

A questão do emprego é e sempre foi um assunto delicado e crítico em toda a história do homem moderno. Muito além dos abusos, a tragédia de não se ter emprego é um dos mais violentos também, guardadas as devidas proporções. Na realidade, a questão do emprego sempre envolve as ofertas e demandas, mas também as ações do estado realizadas por políticos. Em muitos casos, o estado ao se impor acima de tudo e de todos, torna o ambiente de negócios cerceado, o ato de empreender se torna algo arriscado. A liberdade econômica é um assunto muito fácil de entender e compreender, mas nem sempre é tão simples de se implementar. Ao se dar liberdade absoluta para as pessoas, ao nível extremo de permitir quem quiser produzir o que quiser, e vender onde bem desejar, salvo as questões éticas e de segurança. Ou seja, onde o empreendedor ache os gargalos para atender a famosa oferta e demanda, isso gera automaticamente oportunidades, lucro e renda, e consequentemente empregos, e ocupações remuneradas. O estado é um problema aos sistemas de especulação por ter o poder de regular, e é exatamente o estado que tem o poder e pode se tornar a solução através de incentivos e projetos de reindustrialização do país e mais incentivos a ciência. Os liberais, especialmente os internacionais que operam também em nosso país, boa parte vive de renda ou de aplicações financeiras e *hotmoney* descompromissados com qualquer assunto social, boa parte banqueiros, vivem a idolatrar o livre mercado. Mas não o nosso mercado real, de produção, geração de produtos, consumo e trocas, mas o mercado financeiro internacional. Um tema para compreender a dinâmica geopolítica de interesses de grandes nações e a nossa desindustrialização massiva. Por exemplo, muitos liberais investem em países que usam mão de obra escrava em muitos casos críticos a sua indústria que precisa de alta competição e valor agregado, e isso é comércio desleal que acaba danificando o tecido industrial de nosso país como exemplo, simplesmente pelo fato que se torna impossível concorrer com preços que usam meios artificiais econômicos e mão de obra escrava. Para verificar esse fato, basta cruzar os investimentos liberais em produção com os países no topo do ranking do *Global Slavery Index* (GLI, 2020).

Esse livro originalmente se iniciou com a intenção de induzir um método de se modelar um sistema produtivo alternativo complementar pela produção formiga, onde possível, para se reverter a desindustrialização, mesmo sem o apoio do estado por meio de uma arquitetura de conjunto produtivo científico industrial local. É preciso mais do que estímulos industriais no brasil, é preciso ação, mais ideias, mais negócios, mais empresas.

Em um país com tanto desemprego e pessoas precisando de ajuda, nada melhor que um livro com uma coleção rica e inédita com diversas ideias e conceitos para a geração de mais empresas e empregos para serem colocados em prática. A ideia deste estudo está em encontrar meios alternativos e os apresentar. Se tornar um manual inspirativo, para aguçar a criatividade e gerar reflexões de como empreender de forma inovadora e diferente. E aproveitar os gargalos que existem para a geração de empresas e empregos. A obra inova ao tratar de um assunto crítico que é o desemprego em massa, e a obra busca o inverso que é a geração de empregos em massa. Com diversas formas, ideias de negócios de todos os tamanhos, meios de empreender inovadoras, expondo a mensagem positiva de que não devemos ser caranguejos no balde e sim colaboradores. Cada pessoa empregada ou realizando negócios está também gerando empregos indiretamente, ou seja, em uma teia em que todos nós estamos. E essa teia econômica é delicada, a devemos nutrir e trabalhar por ela para que nos traga resultados. A proposta é inspirar na obra ideias, conceitos e formas de empreender como ainda não pensadas ou realizadas. Na obra em nenhum caso há dica de investimento, a ideia é pensarmos em meios para acabar com o desemprego em massa, talvez para políticas de estado como a geração de polos industriais. Ajudando a suprir o gargalo do desemprego e renda no brasil. A obra envolve desde microempreendimento a ações de estado. Com a proposta de se tornar uma referência nacional na geração de empregos.

Essa obra condensa o estudo sobre a geração de empregos, sem ficar se limitando a conceitos e excesso de restrições e ou limitações de toda ordem. Tendo em vista os aspectos observados e neste viés busca colocar todas as cartas na mesa, para trazer à tona um meio de anular o desemprego em massa. Portanto, a proposta que essa obra traz é diferente de demagogias e soluções vazias, porque essa presente obra também prioriza a busca por soluções técnicas pela engenharia. Evitando linguagem rebuscada e gráficos de economia sobre macroeconomia bonitos, e assuntos que ficam em cima do muro, essa obra traz conceitos e metodologia direta ao ponto, sempre apontando o dedo na ferida, e onde há problemas, quase sempre há soluções que podem resultar em oportunidades, negócios e empregos, tudo de forma direta e prática, vai exatamente no ponto. A regra número um desta obra é convidar a todos os leitores a pensarmos juntos alternativas para pôr um fim ao desemprego em massa, e não permitir pessoas desempregadas. O objetivo apresentado pretende e tem a ambição de se tornar uma referência por seus métodos, referências e conceitos para a geração massiva de empresas. Precisamos de algum modo encontrar caminhos para a geração sustentável de uma máquina de geração de empresas e empregos, se tornar o contra-ataque ao desemprego em massa. Não é um manual ou conselho de investimentos, mas um livro inovador técnico de reflexão que convida a todos a pensar a economia, engenharia e a reindustrialização.

Em geral, essa obra é resultado de uma pesquisa que trata da fraqueza econômica de alguns países, e ao mesmo tempo apresenta projetos de alteração e mudanças pontuais. Com foco no Brasil, mas, útil para diversos países são apresentados meios para melhoria econômica por meio de pequenas ações em um projeto econômico efetivo. Além de dicas empreendedoras, ideias de negócios e uma infinidade de abordagens sobre economia, negócios, engenharia, ciência e inclusive inovações, envolvendo também o urbanismo de cidades para que empregos sejam gerados. Como abordagem principal sobre os problemas econômicos na obra, é destacado o excesso de pessoas com diplomas e sem empregos, ou seja, pessoas qualificadas sem oportunidades. E aponta ao longo do estudo as causas de uma economia fraca como a desindustrialização em massa ocorrida e com empregos pouco sofisticados em áreas complexas da economia. Tudo isso causando a dispensa geral de uma multidão bem qualificada, sendo assim o título critica a situação atual e como um chamariz para as soluções que podem ser alcançadas pela leitura da obra: dispensados pelo excesso de contingente.

II. Objetivos mirados nesta obra

O presente livro tenta gerar uma nova metodologia na criação de empresas através de trabalho conjunto com a ajuda de procedimentos e pessoas para a caça de demandas, ideias, oportunidades. Em um pacto econômico social pelo emprego. É através da identificação de demandas que as ofertas são geradas, e consequentemente irão gerar empresas e empregos. A organização dessa obra começa pela apresentação dos termos básicos envolvidos, para alinhar o conhecimento dos leitores, apresentando termos como desindustrialização, desemprego em massa, impostos altos, as causas e outros assuntos da economia básica. Em seguida, inicia-se uma coleção em forma de discurso sobre como aplicar os conceitos para se encontrar demanda e oportunidades em diversos setores. A partir do momento que os conceitos e a metodologia forem sendo aplicados na detecção de oportunidades e demandas, novas possibilidades de empreendimento poderão começar a surgir. O desenvolvimento da obra é baseado em setores específicos que vão do virtual, internet a setores tradicionais tecnológicos, comércio, industrial, tecnologias, agronegócios, imobiliário, e setores inovadores. No entanto, haverá um foco maior ao ramo industrial, tecnológico e científico que são setores mais nobres em geração de empregos de qualidade e que ajudam outros setores. A questão central desta obra baseia-se na pergunta: como gerar empregos em volume suficiente nos países ricos e pobres? Dentro de cada capítulo são inseridas as ferramentas, processos, procedimentos e conceitos para a formação das metodologias geral e global para identificação de demandas e reindustrialização. Cobrindo todos os setores da economia, primária, secundária, terciária, quaternária e nova economia. A obra também faz uma autópsia e lista os problemas considerados doenças das cidades, pelo ponto de vista do desequilíbrio do Urbanismo, como a conurbação e falta de empresas, como parte da origem da maioria dos problemas. Finalmente, é apresentada uma conclusão geral sobre o trabalho, e discutida toda a metodologia e a importância de políticas de reindustrialização, demonstrando e incentivando meios para gerar demanda e evidenciar que qualquer pessoa tem ao seu alcance se praticar e realizar a metodologia apresentada e meios para identificar demandas para a geração de oportunidades.

"Dispensados pelo excesso de contingente" tem como objetivo trazer uma análise clara sobre a extrema concentração de renda estrutural existente no Brasil, no mundo e a desindustrialização no ocidente, além de discutir a realidade atual da economia e do mercado de trabalho. Embora a obra contenha metodologia global, ideias junto a conceitos que servem para outros países, o país especificamente analisado é o Brasil. Com foco em uma cidade grande já com índices de conurbação avançada. Simplesmente devido a erros grosseiros de administração deficiente de cidades e estudos urbanísticos por clara incompetência de seus administradores que consequentemente causaram desequilíbrios graves no mercado de trabalho com excesso oferta de mão de obra e poucas oportunidades, ou seja, poucas empresas causando a baixa renda da população. Um claro desequilíbrio econômico entre oferta e demanda que colocou pessoas vulneráveis pobres em péssimas situações sociais. Devido a esses equívocos a economia junto a erros políticos sucessivos e elites que só concentram renda e patrimonialismo, logo cidades grandes acumularam ao longo de décadas diversos problemas que urbanisticamente podem ser chamados de doenças de cidades ao qual todos nós sofremos sem qualidade de vida, desemprego, desestruturação econômica e a danosa desindustrialização. A nível de haver um excesso de problemas que se agravaram com o tempo. Os mais recentes gráficos econômicos, sociais e diversos índices são claros quanto aos desastres efetivados e iminentes. Apresentam claro desequilíbrio na oferta e demanda entre empregos e pessoas ocupadas pela absorção dessas massas. Índices como a taxa de desemprego apresenta esses desequilíbrios claramente. O desequilíbrio dessas relações econômicas delicadas causa o saturamento que resulta em problemas sociais e econômicos.

Como ficará bem claro, neste trabalho há uma grande força da população pela criatividade, empreendedora, microindustrial e geração de novos produtos, com foco na caça por demandas, industrialização geral que se apresenta como solução para a geração de empregos. A busca por uma equalização nos desequilíbrios causados nas cidades, especialmente devido à desindustrialização, é uma das alternativas. Ao menos minimizar a pobreza alastrada devido ao desemprego prolongado por décadas. O país tem papel fundamental neste aspecto, as coisas não podem ser feitas sem a presença do estado colaborando com a macroeconomia e a busca de reparos devido a políticas econômicas equivocadas que foram responsáveis pela desindustrialização do país por meio de ideologias e políticas de promoção de reindustrialização. Ao mesmo tempo a obra procura o distanciamento de dependência de políticas, focando nos pequenos detalhes comerciais, industriais e de empreendedorismo. Esse presente estudo é de fato uma pesquisa que busca detalhar como demandas podem ser geradas pela criação do que não existe, e como uma venda ocorre e demais pormenores comerciais ao leitor. Do mesmo modo que há treinamento para pessoas se profissionalizarem em alguma área do conhecimento, com o treinamento, estudo e prática qualquer pessoa pode ganhar a habilidade de caça de oportunidades de negócios e demandas. Considerando que a falta do conhecimento comercial e de vendas é a causa da falência de boas empresas em seu início. Também serão abordados detalhes necessários para a geração de setores industriais. Mantendo a atenção do leitor longe da política e da macroeconomia, pois essa já possui gente demais debatendo e não falta assunto demagogo sobre o tema.

Portanto, o foco desta obra está no assunto produtivo, negócios e geração de produtos, serviços, empregos, pesquisa, produção e busca de meios para melhoria de qualidade de vida das pessoas. Embora uma reindustrialização efetiva somente seja possível com o poder do estado, e.g., para equilibrar economias locais, com falta de indústrias, promover desapropriações para gerar espaços próximos a grandes cidades, e geração de parques industriais. Assim como para criar políticas de incentivo fiscal, investimentos em ciência e tecnologia.

III. A lição dada pela pandemia do Covid-19

Há centenas ou milhares de casos que exemplificam a tragédia que é a desindustrialização, os males e consequências que essa política danosa traz a toda uma sociedade e a toda uma geração. A desindustrialização é uma das causas e consequências de políticas equivocadas, assim como de inação das elites, ao qual possuem o poder de lobby, mas apenas o usam para fins de especulação pura e aplicada. Não obstante, de tantos exemplos que há para exemplificar a desindustrialização, nada ficou tão escancarado quanto a situação dos países que foram desindustrializados. E durante a emergência da pandemia do vírus nomeado Covid-19 no ano de 2020 pela falta de insumos a importância das indústrias de base, de transformação e de alto nível tecnológico. E em uma situação inusitada vivenciada por muitos em tempo real, com uma alta demanda ao lado de uma massa de pessoas qualificadas, como engenheiros, cientistas e técnicos de ciências exatas no desemprego sem poder fazer nada sobre um tecido produtivo industrial completamente despedaçado.

Como se diz, para tudo de ruim há o lado bom, podemos dizer que nessa crise todos viram a verdadeira face dos envolvidos em sua política desindustrializadora, desesperados e se humilhando para outros países atrás de materiais básicos de saúde. Inclusive itens e insumos de produção fácil. E todos que estavam acompanhando o caso pela mídia viram a realidade. Algo que misturou mesquinhes, cinismo e diversos outros adjetivos aos mesmos que ajudaram direta ou indiretamente a desindustrializar o país desesperados atrás de itens e insumos. E ao mesmo tempo a população qualificada como técnicos, profissionais de indústrias e especialistas desempregados em massa, assistindo o governo e seu estado torrando bilhões em itens e insumos ao qual um país continental poderia produzir com toda facilidade.

"*Mudanças são a lei da vida. Aqueles que só olham para o passado ou o presente, irão certamente perder o futuro*".
John Kennedy.

Esse ocorrido poderia ser marcado e será como o ponto mais baixo ao qual o Brasil chegou em sua desindustrialização, inclusive, pagando por isso com vidas perdidas. Tanto pela pandemia quanto por pessoas que acabaram em condições dramáticas, social e econômicas, e isso sem contabilizar projetos e sonhos perdidos. O desespero por comprar insumos básicos, como máscaras simples, nem eram máscaras mais tecnológicas como as da 3M com filtros nanotecnológicos de retenção de particulados biológicos, além de outros itens. E o desespero com pessoas doentes e não tendo respiradores e outros equipamentos e insumos, como reagentes para detecção do vírus e até oxigênio. Foi algo humilhante para o Brasil e todos viram e comprovaram o quanto foi absurdo tudo isso. Um acontecimento público, notório e que todos presenciaram, demonstrando qual é o preço da desindustrialização. Como acompanho e faço parte do setor, foi algo triste e pesado de assistir, notar a realidade nua e crua. De um lado pessoas plenamente capazes, querendo produzir e desempregadas, e do outro lado as consequências da desindustrialização em massa que impediu a tantos ter um trabalho e verem até mesmo pessoas perdendo a vida por causa da desindustrialização e a falta de produtos. No entanto, às vezes as coisas ruins vêm para ensinar e para mudar. E há esperanças de que após os absurdos ocorridos as coisas mudem e o Brasil volte a se reindustrializar novamente. Os passos para a reindustrialização no Brasil são em sua maioria de ação do estado na macroeconomia, não é algo que seja possível por cidadãos comuns, a listar:

- Alívio de impostos a indústrias com produção nacional e que exportem
- Redução do preço de energia para as indústrias
- Subsídios ao gás natural para indústrias e em troca solicitar a modernização do maquinário
- Formação de polos industriais próximos a grandes cidades contando com desapropriação de áreas residenciais para ajustar o equilíbrio
- Alocação de zonas exclusivas para indústrias, inclusive com chaminés
- Infraestrutura prioritária por ferrovias
- Crédito subsidiado e fundo perdido para ciência e tecnologia exclusivo para atender as indústrias
- Apoio geral na geração de novas indústrias
- Controle do câmbio de forma a priorizar a indústria e os setores produtivo e não especulativo

Embora essa lista não seja nem o começo do que seria necessário, já representaria um grandioso passo para o apoio a reindustrialização do país. A lista seria muito maior, mas apenas estes passos já seria um auxílio ao setor produtivo real sem precedentes. Este é um exemplo de sugestão de ações para o Brasil, sendo que cada país tem suas particularidades, e obviamente a maioria dos países ocidentais sofrem de algum modo com a desindustrialização, e cada qual tem as suas particularidades para resolver este problema. No caso de Portugal o câmbio elevado pode ser um dos problemas, ao qual este colabora com a competição desleal. Na realidade o assunto é tão importante quanto local, e cada região deve estudar as causas e meios para solucionar este problema. Uma solução seria ajuda do estado, mas como tudo, deve haver direitos, obrigações, deveres e equilíbrio. No caso das indústrias, após receberem essas ações em subsídios listadas, haveria a cobrança que deveriam procurar aumentar a produção, investir ao menos 5% de seu lucro líquido em pesquisa e desenvolvimento de suas unidades com pesquisa avançada, com auxílio das universidades inclusive e focarem em exportação a todo custo com metas estabelecidas pelo estado. O objetivo seria criar um processo orgânico de desenvolvimento industrial com tendência a crescer e se autossustentar. Além de gerar empregos, também gerar tecnologias, mercado e demanda.

Estagnação produtiva e desemprego em massa não são normais, principalmente ao notarmos pessoas qualificadas aptas à produção, como gestores, arquitetos, técnicos de ciências exatas, pesquisadores, matemáticos, físicos e outros, muitos desempregados, em um ambiente de tecido industrial rasgado. Essas pessoas com alta especialização normalmente desempregadas ou atuando em cargos diferentes, são um enorme prejuízo à economia por não estarem produzindo em sua capacidade plena. Essas profissões sustentadas por boas equipes de vendas são responsáveis por fazer o PIB de um país crescer e gerar empregos diretos e indiretos. Normalmente, estatísticas sobre desemprego apontam em um número todo o problema, e.g., o desemprego está em 10% ou 11% e ponto final, ou a atividade produtiva está em 2% e ponto final, poucos dados são demonstrados. Na maioria dos casos, as informações mais precisas precisam ser pagas, e passam longe do acesso da população. É neste ponto analítico que a pandemia também nos ensinou muito. Quem acompanhou os rumos da tragédia sanitária da pandemia do coronavírus e observou bem se deparou com análises, gráficos, dados analíticos de alta precisão, indicadores, análises precisas matemáticas profundas, gráficos da situação em tempo real, sites com mapas, avaliações e mais de uma centena de monitoramentos altamente precisos. O curioso é que isso jamais foi feito de forma tão aberta e escancarada, como para fatos que são cruciais a nossas vidas, como a economia, desemprego, industrialização, educação, e tantos outros casos.

Simplesmente, para o restante se limitam a dizer algo abstrato rapidamente, com dados por vezes grosseiros, já seguidos de uma enxurrada de distrações aleatórias.

Obviamente a pandemia é um assunto importante e que levou vidas em sua extrema gravidade, mas, "uma pulga fica atrás da orelha", onde estavam tantas análises sofisticadas com seus gráficos e atenção detalhada sobre a economia, desemprego, meio ambiente e tantos assuntos que nos causam problemas? Simplesmente dizer que o desemprego está em x% e ponto final, o desmatamento ou a economia está ruim, é conveniente. Precisamos refletir e exigir a mesma atenção que foi dada à pandemia aos nossos outros problemas, com a mesma atenção, detalhamento, discussão e acompanhamento preciso.

IV. O que é essa tal de diversidade econômica?

O conceito de diversidade econômica se baseia na diversidade de negócios e sem que haja dificuldades e excesso de burocracias. A diversidade econômica contempla uma economia complexa e com muitos negócios diferentes encadeados. Diferente da liberdade de fazer negócios no qual cada pessoa é um agente corporativo livre, e pode fazer negócios lícitos livremente. Cada agente econômico pode usar seus recursos, natural, físico, intangível, e deste fazer negócios lícitos e dentro da lei com liberdade. Em resumo, é a liberdade de empreender e fazer negócios para gerar riqueza e recursos. Para saber o nível que cada país está em liberdade econômica, podemos verificar o índice Heritage™. Neste índice mundial, países como o Brasil oscilam em uma vergonhosa posição entre 153º e 145º. Países e regiões como Hong Kong e Singapura estão no topo, em 1º primeiro lugar, como países de alto nível de liberdade em negócios. Ou seja, são locais que a pessoa pode fazer negócios sem interferência ou coerção como algumas linhas de pensamento liberais afirmam. Pelos relatos de pessoas que já montaram negócios nessas áreas, dizem e afirmam que mesmo após terem quebrado financeiramente, estes conseguiram se reerguer facilmente.

Com empregos disponíveis, trabalharam por um tempo, conseguiram recursos e voltaram aos negócios. Já em países com baixo nível de liberdade em negócios, até para se conseguir um emprego com salários baixos é um pesar. No entanto, não é exatamente tão simples como aparenta essa linha de pensamento, muitas pessoas conseguem se reerguer nestes locais devido a outro fator que é a alta diversidade econômica local. Em qualquer ramo de trabalho a pessoa encontrará nichos bem consolidados, e.g., uma pessoa que passou a vida se especializando em indústrias em um local com alta diversidade econômica facilmente achará nichos para atuar ou para trabalhar como funcionário. Sobre a diversidade econômica este tema considera o nível de complexidade tecnológica de cada país ou cidade (atlas, 2020). Quanto mais diversidade e complexidade econômica, mais oportunidades estes locais apresentam em negócios e empregos (Ricardo Hausmann et.al., 2020). Portanto, como essa obra trata de negócios, empregos, empreendedorismo, engenharia, desenvolvimento de produtos, geração de demanda, ideias, e demais negócios, é importante que o leitor tome conhecimento sobre a importância da questão do nível de liberdade de negócios, assim como sobre diversidade e complexidade econômica. Há dezenas de índices importantes que juntos formam análise conjuntura produtiva para que tanto o empreendedor quanto o trabalhador possam se basear para compreender a economia real. Esses índices nacionais ou realizados no exterior se acompanhados bem e compreendidos, inclusive são úteis e vitais para uma boa compreensão sobre a economia.

V. O que é esse tal de desemprego em massa?

Culpar a automação e os robôs pelo desemprego é uma desculpa fácil, mas apresentar solução são poucos os casos. Comecemos pela questão: por que, antes, como na década 1930 a 1970 havia empregos e todos se viravam conforme indicam gráficos da época? Começa pelo fato de que havia cidades e não megalópoles em conurbação com poucas empresas, ou seja, havia um certo equilíbrio entre oferta e demanda na quantidade de empresas, empregos e menos especulação predatória.

Outro fato, é que o mercado informal que sempre foi forte no Brasil era suficiente para absorver o excedente de mão de obra. Desde o camarada que resolvia vender sorvete ao artesão de feiras, ou um fotógrafo autônomo. Eram suficientes esses trabalhos na absorção de excedentes, algo que na atualidade não é suficiente. E quais são as causas? Nada é tão evidente quanto a forte desindustrialização do país. A partir da década de 1990 começou-se uma política de desindustrializar as cidades. Os resultados estão visíveis com o desemprego em massa que temos na atualidade. Não é justo culpar a automação por algo que é resultado de uma sequência longa de ações, os serviços são complementares à indústria e não a ultrapassaram, a indústria de base mais simples ainda é e será vital. Os serviços por mais modernos que aparentem ser, sem a mecânica básica em sua maioria não substituem a força da manufatura. Os resultados, confusões, equívocos e tragédias econômicas resultaram em muito desemprego. O desemprego em países como o Brasil chegou a um nível de crime contra a humanidade. É de se perguntar coisas como: por que não há uma associação de desempregados, buscar junto ao estado soluções contra o quase sempre eterno desemprego ao qual sempre somos expostos? Desemprego é cíclico e normal, mas não como o que ocorre em países como o Brasil.

Será mesmo que é o excesso de proteção ao trabalhador capaz de corroborar com o alto número de desemprego no Brasil como os liberais dizem, ou seria mesmo a inércia de falta de diversidade econômica e investimentos em pesquisa e desenvolvimento, com investimentos no ramo industrial. Além de erros econômicos e a alta taxação do setor produtivo? Podemos comprovar baixos níveis de desemprego pelos mapas de diversidade econômica. Quanto mais diversidade de negócios complexos, menos desemprego há nesses países. Conforme demonstrado no Atlas da complexidade econômica (Ricardo Hausmann, 2011).

De fato, a questão da proteção ao trabalhador é das menores causas, há mais de mil outras causas para tanto desemprego em determinados países, e a falta de investimento em pesquisa e políticas industriais são as principais. É preciso uma busca por um equilíbrio entre oferta e demanda em relação a empregos. Em consulta com pessoas de RH (recursos humanos), pessoas que atuaram nas décadas anteriores e acompanham o mercado relatam que antes se colocava uma placa na porta da empresa, ou um anúncio no jornal e apareciam 10 pessoas no máximo. Hoje, evitam colocar esses anúncios senão nem conseguem trabalhar no dia só atendendo pessoas. Infelizmente, é uma enfermidade, com muita gente desempregada, uma legião de desempregados. Fazer uma reforma tributária generosa é vital, diminuir os custos sobre a indústria e usar uma parcela maior do PIB em investimentos em progresso e ciência industrial e políticas industriais seria o básico, e menos em política. E a cereja do bolo, os governos investirem mais em ciência, desenvolvimento industrial usando investimentos de fundo perdido, e menos para juros e lobbys de grupos poderosos, como banqueiros e converter essa fortuna para a reindustrialização do país. Criando parques industriais ao redor do Brasil e ferrovias. Só isso iria gerar milhões de empregos permanentes.

Ficando a nota de que a prioridade tem que ser a reindustrialização em massa, com indústrias de base, transformação, manufatura, e indústrias tecnológicas. Sem prioridade, todos os tipos de indústrias, especialmente as mais simples e básicas que são as que geram muitos empregos. Com foco principal nas indústrias campus de desenvolvimento tecnológico, e com investimentos em ciência e pesquisa com solicitação ao atendimento industrial. Ao contrário do investimento realizado até então, com base no setor de construção de obras civis faltou diversificação. A esse ponto podemos dizer e comparar: no setor de construção e obras, o cimento secou acabou o emprego. É um processo natural e inerente neste ramo, logo faz parte do setor de obras civis. Como comparação, em uma indústria de produção de baixa complexidade tecnológica, entre tantas, vamos exemplificar com uma fábrica de peças simples de plástico que após injetar ou gravar as peças para montar após fabricada necessita de mão de obra constantemente. Enquanto na obra, o cimento secou acabou o emprego, na fábrica de peças de plástico simples passarão décadas e o emprego estará lá, mantendo pessoas trabalhando. Ambos os setores são importantes, mas o país priorizou nas últimas décadas as obras e o cimento secou, logo, acabou o emprego e a indústria que já agonizava agora precisa ser recuperada, assim como os empregos de qualidade e de longo termo.

VI. O que é essa tal de desindustrialização?

O termo desindustrialização é um acontecimento na mudança econômica, causador de problemas econômicos e sociais, devido a políticas de eliminação ou redução da capacidade de produção industrial, espaço e atividades produtivas do país ou região. É o oposto de industrialização. Na economia de países pouco desenvolvidos economicamente, como o Brasil, há uma luta de políticas dominantes que giram em torno do consumismo, que são importantes para gerar demanda, mas quase nada de produtivismo e investimentos em progresso e ciência industrial. Não existe política industrial no país, e não há quase nada para promover as indústrias. Estudiosos afirmam que a indústria no Brasil existiu de forma mais intensa entre 1930 a 1980, em seguida o declínio foi enorme. Desde o começo da década de 1980 iniciou-se um processo liberal de desindustrialização em massa do Brasil, e a cada ano desde então foi se intensificando. Mas, como tudo tem um marco, a privatização da Vale e setores de base como a privatização da CSN agravaram a desindustrialização. Alocando matéria prima vital em cotação de mercado internacional dificultou os custos da indústria de base nacional ao acesso desses materiais básicos, e após o ano de 2005 foi um dos anos mais profundos dessa desindustrialização, se agravando de 2013 em diante. A desindustrialização do ocidente igualmente danosa foi uma política liberal implementada por altos capitais globais que criaram ideologias de que o ocidente seria apenas um mercado comprador e transformar outros países na fábrica do mundo. Tudo para explorar a mão de obra barata (GSI, 2020). Sem considerar que estavam deixando o ocidente desindustrializado, pessoas desempregadas, e instalando a miséria no ocidente, a nível de ser escancarado em uma capa da revista The Economist™ algo como: enquanto o Oriente abre mais fábricas, o Brasil abre shoppings para revender seus produtos. Sim, país sem indústrias é um país fraco, simplesmente pelo fato de que ao se desindustrializar se quebra uma das pernas da economia. Recobrando que a economia é formada por economia primária, secundária e terciária. Ainda havendo a quaternária e nova economia.

- economia primária (comodities pela agricultura, pecuária e extração).
- economia secundária (bens e insumos pela indústria).
- economia terciária (serviços).
- economia quaternária (mercados de alta tecnologia e novos conceitos ainda em formação e desenvolvimento).
- Nova economia (formada por novos conceitos econômicos como moedas digitais e outras inovações, tentando inclusive causar rupturas em padrões estabelecidos).

No geral, de forma resumida e básica, estes são os alicerces da economia, e qualquer um quando danificado, há grande complicação no cenário econômico. Principalmente as economias de base, como: primária, secundária e terciária. E covardemente, o que ocorreu foi a depreciação da economia secundária do ocidente, com a desindustrialização em massa, sendo o Brasil um dos mais afetados. A consequência não poderia ter sido outra, o desemprego em massa e a instalação da pobreza. É necessária uma política que priorize as indústrias, com investimentos em ciência, tecnologia, inovação e desenvolvimentismo. Ilustradamente, algo como uma política que siga um slogan: mais chaminés e menos especulação, ou mais indústrias e menos especulação. Ou seja, diversidade econômica, mais empregos e mais qualidade de vida, com um tecido industrial e ambiental revigorado e em equilíbrio.

Na visão geral, há duas opções econômicas principais, a de geração de produção e a de consumo, ambas uma depende da outra, e entre estas os serviços. Porém, há uma que atrapalha ambas que é a especulação predatória de vários tipos que em muitos casos nada produz, apenas age como um chacal levando recursos sem gerar sequer um emprego. Como casos de capitais internacionais predatórios que rodam pelo mundo atrás de juros de ganho rápido e esquemas financeiros. E políticas desastrosas populistas fomentadoras de destruir a economia produtiva, evidenciados pelo estrago causado por dólar baixo ou alto demais fizeram com que o setor produtivo industrial pagasse caro. O resultado foi o decaimento do tecido industrial nacional. "Enquanto a produção industrial no resto do mundo cresceu acima de 10% desde 2013, a atividade nas fábricas brasileiras caiu 15% no mesmo período, e continuou decaindo", (Estadão, 2019). Na economia indústrias e produção é tudo, e fortalecidas com os trabalhos de boas universidades é o fortalecimento que a economia precisa. Com o foco na produção tanto pelo estado quanto pela economia privada, especialmente a nacional é o que faz a diferença. E compreenda produção como as indústrias em seu termo mais tradicional. Incluindo desde a indústria de base, empresas mais simples as mais complexas. Quando falamos em proteger e incentivar a indústria é desde a mais básica as mais sofisticadas. Não importando se seja uma aciaria, uma metalúrgica, uma indústria de peças de plástico ou mesmo uma multinacional de semicondutores. Indústrias são laboratórios analíticos vivos, por mais simples que aparentem ser estes setores contêm ciência, técnica, habilidades produtivas, capacidade de progresso e crescimento, evolução potencial e principalmente empregos. Portanto, reindustrializar é a chave na geração de empregos.

VII. O que é essa tal de inovação?

Desmistificar as ações técnicas que geram a inovação é o primeiro passo para tornar esse processo mais público e visível, e assim apresentar aos interessados os meios para se gerar a inovação. Esta se baseia primeiramente na criatividade técnica humana. Inovação é a ação de trazer ao mercado algo novo para suprir uma demanda ou criar uma demanda a partir da inovação. Essa demanda pode ser baseada em um mercado antigo ou tradicional ou novo, ou um mercado que poderá ser substituído por essa inovação ou induzida a formação de uma nova demanda a algo que não existia antes. Há várias definições para inovação, mas no geral, o conceito se baseia na criação de algo novo e disruptivo, mesmo que simples e até sem alta tecnologia ou elaboração, como um artesanato ou arte. Como dito, a inovação é a criação de algo novo para suprir ou resolver um problema de forma inovadora, suprir uma demanda e ou criar uma demanda nova. Logo, inovação se baseia em P&Di (pesquisa e desenvolvimento, inovação e ciência) e isso é uma máquina de gerar demanda.

Entre algumas disciplinas envolvidas em P&D atuais estão: ciências exatas, biotecnologia, ciência de dados, ciência do cérebro, ciências *bottom up*, espaço profundo, genômica, informação quântica, inteligência artificial, medicina avançada, semicondutores, tecnologias de exploração em terra profunda, entre muitas outras. Se considerarmos que na atualidade, apenas os produtos tecnológicos, e.g., aqueles baseados com as ciências quânticas, representa nos EUA algo como 18 a 25% de seu PIB em faturamento, em um país com PIB em trilhões de dólares. Este caso serve de exemplo do quanto a ciência é importante também para a economia e a geração de recursos, empresas e empregos. No caso deste exemplo, as ciências quânticas as quais muitas pessoas ainda imaginam ser apenas um conceito acadêmico abstrato, mas que na realidade já movimenta bilhões de dólares. São fábricas que produzem equipamentos médicos como IRM imagem por ressonância magnética, GPS e tantos outros, instrumentações de laboratórios industriais, equipamentos e instrumentação acadêmica. Logo, a indústria e ciência são vitais para o emprego e o progresso.

É importante que todo profissional, assim como empreendedores e investidores tenham essa base em mente, porque muitas oportunidades podem surgir por meio desse conceito, incluindo inclusive novas empresas e consequentemente empregos. Neste caso inclusive nos traz algumas reflexões sobre o tecido produtivo local. Seria interessante haver um selo que indicasse alguns dados sobre produtos e serviços. Você já parou para pensar em alguns detalhes?

- Quanto de tecnologia há em cada produto em uma escala de 0 a 100?
- Quanto de produção nacional há em cada produto em uma escala de 0 a 100?

Esses detalhes poderiam entrar na lei do direito do consumidor e no direito de saber. Com um indicador desses, seria mais fácil estimar o que o país produz e o que não produz. Saber onde estamos é o primeiro passo para saber para onde queremos ir e o que temos que fazer para conseguir. De modo que as pessoas poderiam incentivar demandas para produtos críticos para o país, como eletrônicos, farmacêuticos, e tecnológicos como microchips. Como já mencionado, o exemplo do ano de 2020 com a pandemia e com a falta de equipamentos básicos é um exemplo claro sobre o tema. Não se pode esperar e depender de outros para coisas vitais críticas para o país. É algo básico sobre segurança para qualquer país, é como deixar a caixa de água no controle de outros países, um perigo, assim que houver algum problema, estes fecham a torneira e toda uma nação fica sem água. A inovação é parte disso tudo, mas acima de tudo a industrialização geral e incentivos financeiros às universidades, com altos investimentos em pesquisa. Como no caso de São Paulo no Brasil com o projeto Sirius e outros tantos, precisam ter mais atenção, investimentos e cobranças por resultados.

E a inovação não é segredo algum, a partir do momento em que houver o cenário, a inovação surge. O que seria de um ator sem o teatro e a plateia? Semelhante serve para a inovação, da mesma forma que o bom ator cria no momento, em segundos, a sua obra, a inovação tecnológica ocorre à medida que está sendo feita. Em muitos casos, é tão cara que é preciso ajuda do estado, com uso de fundo perdido, como exemplo já mencionado, o laboratório de Luz Síncrotron e o laboratório Sirius de Campinas em São Paulo. Todos têm que colaborar e as coisas surgem. O filme campo dos sonhos é um exemplo claro do que é a inovação e o que poderá vir com a industrialização massiva e prioritária. Unida com uma política pela indústria o acesso fácil a informações e um pacto nacional entre as pessoas por empregos, e o auxílio dos comerciantes por priorizar a venda de produtos nacionais que geram impostos e empregos locais, e todos juntos pelo avanço industrial de alto nível e o progresso e a ciência.

Sumário

urbanas das cidades e da economia, assim como a busca por mais equilíbrio, conjuntura e diversidade de negócios. Seguindo o princípio de que quanto mais pessoas pensando sobre o assunto, mais ideias e mais oportunidades podem surgir. O modelo de economia criativa de fato gerou muitos empregos, mesmo sendo por vezes trabalho temporário como fonte de renda, portanto, algo semelhante, mas mais sofisticado para a geração de novos negócios, com uma unificação entre tecnologias, urbanismo, meio ambiente e inovação poderia ser parte da solução.

Com base na economia criativa, porém de forma mais ligada a indústrias este trabalho busca a formulação de métodos para gerar padrões de procedimentos para virarem uma máquina de gerar negócios e empregos. Por menor que sejam os negócios ou recursos é melhor as pessoas terem uma fonte de renda pequena que depender de empregos escassos. Além do mais, fontes de rendas próprias, geradas com o próprio esforço das pessoas podem se transformar em bons negócios. As pessoas são criativas e com recursos podem se qualificar com a atual facilidade de informação técnica, cursos e bons livros atuais no mercado e assim conseguir empregos ou até mesmo gerar seu próprio recurso prestando serviços e revendendo produtos. Conceitos antigos como as popularmente conhecidas fábricas de fundo de quintal são exemplos que poderiam ser recobrados com as atuais tecnologias e o farto acesso à informação. Os limites e oportunidades são imensos, isso tudo somado a criatividade da população seria um meio para contornar boa parte dos problemas econômicos.

Em resumo, a obra irá aos poucos por esse conjunto de metodologias, diálogos e ideias expor o conceito, e tentar evidenciar que por pequenas ações pontuais negócios e empregos poderão ser gerados. É grandioso a um país ter grande parte de sua população empregada ou com uma fonte de renda.

Não parando neste caso, a obra tenta trazer perspectivas, pontos de vista e análises sobre os mercados existentes, as indústrias, a importância dos polos

1. Metodologia e descritivo dos conceitos da obra

A metodologia adotada neste estudo é mista considerando a técnica de *sur metodology*, pesquisa de campo, pesquisa bibliográfica, focando em opiniões especialistas e por revisão de estudos. Buscou-se responder, refletir e analisa questões sobre a abertura de novos negócios e geração de empregos em volu em qualidade. Com a justificativa principal de repensar como as coisas são f e como trazer mais eficiência para as cidades e a economia. Com o objeti buscar novos caminhos, oportunidades e ajudar a promover novos negócios que mais pessoas tenham uma ocupação de trabalho e renda. Inclusive, justificativa, podemos argumentar que tamanha estagnação e desindustrial não é algo normal a um país de porte continental. Portanto, tendo os prob visualizados e mirando a formulação de respostas a estes, partimos para a por métodos para os suplantar e gerar alternativas de trabalho. Sendo o o maior promover a geração de conceitos novos, metodologia, procedim padrões para gerar novos produtos, empresas, negócios e empregos com pri a reindustrializações. Embora o único intuito dessa obra almeje ser educ também é uma tentativa de gerar metodologias pelo industrialismo cien progresso industrial, com total apoio a economia produtiva.

Logo, com mais negócios, mais empresas e empregos, os problem tendem a ser menores, já que há mais gente com dinheiro e mais impost Usualmente, as empresas contratam consultorias especializadas para me gestão, eficiência e processos produtivos. Especialmente para se torna enxutas, produzirem mais com menos e terem ganho de escala. O que e que este presente trabalho de pesquisa tenta apresentar preliminarme esse pensamento de gestão complexa estratégica e meios para a geraçã negócios e empregos para a aplicação dessas práticas para a sociedade. de fazer com que muitas pessoas repensem o modelo atual das cidad redesenhar novos protótipos. De forma a caracterizar e rever o layo industriais voltados ao desenvolvimento e progresso tecnológico, social, e diversos outros assuntos econômicos que podem ser repensados, remodelados e feitos com mais eficiência. Sem considerar limites este trabalho tentará estimular a todos os profissionais em suas especializações com questões, conceitos e metodologia para a busca do investimento em industrialismo científico e a geração de negócios e empregos por meio de uma união geral entre todos, como um pacto social pelo emprego, desenvolvimento e reindustrialização.

2. Por que tantas pequenas empresas não sobrevivem?

Uma realidade no mundo dos negócios é que a maioria das empresas não sobrevive, mesmo com toda disponibilidade e vontade de seus donos no início, boa parte não consegue se manter, conforme várias publicações do IBGE (IBGE, 2019). A maioria dos pequenos e médios negócios não consegue passar de seu segundo ano de aniversário. Ao mesmo tempo, observamos incoerências, quando observamos negócios que tenderiam a falir já de início se mantendo e crescendo por anos, ao mesmo tempo negócios muito estruturados e bem planejados fechando as portas.

Devemos ter noção de que os negócios possuem uma lógica própria, algo como uma faca de dois gumes, ou seja, a frase: negócio fechado, e.g., possui dois sentidos ao menos na língua portuguesa. Pode ser o lado positivo, negócio fechado por mais uma venda de um produto ou serviço, ou da forma negativa, o negócio fechado por ter falido. Mas, qual é o motivo de alguns negócios conseguirem o lado positivo dessa frase e outros o lado negativo? Para isso, muitos especialistas em negócios já aclamados e com extenso portifólio possuem respostas, e tirando pela média nas causas e soluções desses especialistas, há uma concordância geral entre ambos. O problema é que em alguns negócios os seus donos têm grande habilidade com as pessoas, relações interpessoais e amizades, estão sempre com pessoas, na comunidade e junto no dia a dia os servindo. Outros, não possuem essa habilidade, e às vezes pela própria geografia ou a personalidade muito técnica não há essa possibilidade e nem habilidade. No entanto, alguns contornam com habilidades comerciais e poder financeiro as adversidades, participando em feiras comerciais e corporativas, eventos e fazendo anúncios profissionais. Não há, na realidade, fórmulas mágicas nos negócios ou dicas mirabolantes, a questão é simples. Os negócios envolvem pessoas, e vendas ocorrem pelo cruzamento entre pessoas para a troca de interesses, ao qual o negociante servirá as pessoas e não esperará ser servido. E para dedicar mais tempo às vendas e a servir as pessoas, a questão burocrática, o empreendedor deve entregar a quem entende que são os contadores. Focar o negócio em 85% na parte comercial e relações com pessoas e 15% nas questões técnicas do negócio.

Um fator interessante é estudar as causas do fechamento das empresas, independente do seu tamanho é útil para o sucesso dos negócios. Estudar profundamente os motivos que levaram a possível falência das empresas traz soluções claras. Conforme esta análise, de fato, quando observamos alguns negócios que fecharam as portas, causa de fato a reflexão sobre como aquilo poderia ter sido evitado. Em algumas universidades no exterior há disciplinas e especialistas que estudam isso a vida toda, os motivos de falências e o não progresso dos negócios. O assunto de fato traz reflexões sobre os motivos de falências: e se houvesse alguma política de incentivo, consultoria local junto aos negócios, ajuda técnica e comercial, seriam modos de diminuir a mortalidade de empresas. A seguir serão indicadas as causas de falência de empresas mais comuns que compreendem alguns pontos-chave listados. Obviamente, há muitas outras causas, mas estas são as principais, sem listar quais as principais, portanto, os fatores mais comuns ligados à descontinuidade das empresas compreende entre outras: as causas administrativas e de gestão, causas estruturais internas e externas, causas financeiras, causas macroeconômicas, causas mercadológicas, causas políticas, concorrência desleal, descontrole financeiro, desqualificação em negócios, falta de crédito e capital de giro.

Primeiramente, vamos considerar os tipos de negócios, agricultura, comércio, informal, serviços, indústria, novas economias ou economia criativa. Sendo que a maioria é dependente de fluxo de pessoas que passam em suas portas com a venda por oportunismo ou por ocasião, que é dependente das pessoas que passam por suas instalações, ou seja, o comércio de rua. No entanto, ter um ponto bem localizado não é necessariamente obrigatório e nem desculpa para não ter sucesso. Imagine um pequeno produtor rural e sua propriedade a quilômetros de distância dos centros comerciais consumidores. No entanto, estes formam suas cadeias de distribuição e vendem muito, logo, clientes e pontos comerciais bons são apenas um dos canais. Resumindo, parte dos negócios é dependente de vendedores que saem em busca de oportunidades de vendas, contando com departamentos de marketing, anúncios, representações, pontos de venda, e todas as formas tradicionais de vendas, incluindo a consignação. No caso de pequenos empreendedores, fazem tudo isso por conta própria. Na atualidade, há o mundo digital também, com sites de divulgação, anúncios, marketing e vendas por sistemas digitais, *marketplaces* e todo o serviço de *webmarketing* para divulgação em redes sociais.

O mundo dos negócios atuais não é para principiantes, esse é um jogo cada vez mais complexo e sensível a mínimos detalhes e não suporta erros. Complementando essa discussão, segue uma pequena recomendação em lista contemplando seis mestres e dicas sobre negócios. É uma pequena lista com excelentes fontes para complementar esse conhecimento que todo empreendedor deve conhecer, ler, seguir e refletir. As dicas são ótimas, como sempre estar atento a negócios, e oportunidades, e ser corporativo, polido nos negócios e seguir boas práticas.

- É vital que você leia várias vezes a obra do mestre Dale Carnegie - Como fazer amigos e influenciar pessoas, onde Carnegie ensina os fundamentos do sucesso e dos negócios de forma simples e direta. Levando o leitor a um ambiente corporativo. Não há outro caminho para o sucesso senão com as pessoas se ajudando mutualmente. Quando você abre um negócio, tenha em mente que você não abriu o seu negócio para servir a você, mas servir as pessoas.

- O filme campos dos sonhos, todo empreendedor deve assistir.

- O Youtuber e vendedor experiente Ricardo Jordão, também autor de livro e palestrante, é recomendado o seguir nas redes sociais e aprender com este craque em vendas inusitado, e recomendado conhecer e acompanhar seus trabalhos, (Magalhães, 2005).

- Professor Marins que possui uma coleção de obras e trabalhos sobre negócios e administração. É praticamente um dos mestres que ajuda a educar na manutenção do espírito empreendedor, corporativo e de boas práticas empresariais. Com boas práticas empresariais e ética.

- Considerar sempre e estudar os meios tradicionais de venda, como anúncios em jornais, outdoors, painéis, placas, panfletos, anúncios em diversos locais tradicionais, como publicações, e onde mais puder.

- Considerar e estudar aplicações modernas no mundo virtual, para isso você deve compreender e se puder contratar especialistas em web marketing.

Jamais se esqueça, os negócios são dependentes de relações humanas, a questão técnica é relevante, mas sem a questão comercial que depende das pessoas o restante se torna estoque parado. Portanto, se envolva com pessoas, sirva as pessoas, obtenha o máximo de amigos e crie a sua marca. Mas, sempre atentando que há muitos percalços pelo caminho. E sem esquecer, antes mesmos de enfrentar a estrada, ainda há o problema de entrar no jogo. Logo, voltamos ao princípio: por qual razão algumas ideias de negócios com potencial não saem do papel? Todas as pessoas têm grande potencial de gerar ideias, negócios e fazer negócio. Há negócios que dependem de muitas coisas, como tecnologias, estabelecimento, tradição no local, qualidade, especialização, raridade, produção e demais detalhes. Para viabilizar uma ideia é algo realmente complicado, e.g. a pessoa decide produzir bottons, ou fazer algodão doce para vender, ou teve a ideia de criar uma loja de itens para celulares. Como se observa, são negócios simples, obviamente já saturados no mercado, mas isso é suficiente para desistir dessas ideias? Óbvio que não, o que fará a diferença mesmo diante de mil concorrentes será outros atrativos, como a embalagem, a limpeza, o design, o atendimento, a conversa com um profissional, ser um bom vendedor, trazer algo a mais para o cliente. Como se observa neste exemplo simples, excesso de concorrência pode reduzir as margens de lucro, mas não é a causa de não se atuar no ramo, qualquer que seja. É comum vermos oficina de veículos na mesma rua aos montes, assim como outros comércios. A questão é que cada um deve conseguir os seus clientes e com estes trabalhar com serenidade, profissionalismo, qualidade e bom senso. No entanto, e quando a ideia é algo realmente mais complexo? Quais as razões de não saírem do papel? Na maior parte dos casos refere-se a problemas ligados a falta de execução do projeto, ou a falhas diversas envolvidas ao longo da execução. Além do nível do empreendedor em possuir interação com pessoas, recursos, resiliência, poder intelectual, social e detalhes ainda mais técnicos, conforme seguem alguns dos principais:

- Capacidade de executar os projetos
- Realizar um plano de negócios e um sumário executivo enxuto, realístico e claro
- Infraestrutura e facilites para a empresa
- Atender as burocracias necessárias
- Capacidade de coleta de financiamentos

- Disponibilidade para contratação de mão de obra qualificada
- Disponibilidade para treinamento de mão de obra
- Capacidade para investimento em inovação
- Disponibilidade de recursos como energia elétrica, água e gás
- Disponibilidade de matéria-prima e capacidade de negociação
- Ampla disponibilidade logística
- Capacidade de criar e manter presença intermitente na Internet
- Capacidade de gerar e manter um sistema de marketing e vendas eficiente
- Estudo e plano sobre a concorrência para entrar e competir para ganhar
- Capacidade de manter um suporte jurídico eficiente
- Sempre estar atualizado nos regulamentos do seu setor
- Ler muito tudo sobre o seu setor, livros, revistas, artigos, e participar de conferências
- Participar de feiras corporativas do seu setor e promover a sua marca
- Estar antenado com os rumos da política do país.

Imagem 1 – Vendedor de rua na Índia. Um negociante oferecendo seus produtos típicos. Fonte: (pickpik, 2018)

Passar por todos esses obstáculos e conviver com eles é uma das muitas outras tarefas de um empreendedor. É vital ter em mente e atualizado o significado do que é ser um empreendedor que é a ação comercial de trocas voluntárias, onde ambos se sentem bem após a negociação, é uma relação de trocas. A seguir, a imagem 1 apresenta uma cena elementar nos negócios, um vendedor de rua com seus produtos sendo ofertados.

É preciso haver mais conhecimento empresarial, empreender e ter coragem para fazer, como exemplo na Internet está repleta de pessoas amadoras tentando fazer helicópteros caseiros, e alguns até obtêm resultado. Não é necessariamente uma empresa em boa parte, mas é uma ação corajosa, sem considerar o perigo e riscos, não deixa de ser uma ação corajosa. Logo, o empreendedor é uma pessoa dinâmica, está sempre aprendendo habilidades, é uma pessoa prática, original, está sempre gerando ambientes corporativos, comercial de oportunidades e geração de empregos e adequado aos negócios para gerar resultados para seu empreendimento e para a sociedade.

3. Corretores como agentes de caça a oportunidades e demandas

Há ótimos profissionais que atuam no mercado, como os corretores, seja de seguros, empréstimos, imobiliários e outros profissionais liberais. Estes em momentos do mercado percebem grande lentidão e fraqueza na economia. E para que esses profissionais não fiquem ociosos é de vital importância que tenham opções de trabalho complementar, para que exerçam quando o seu mercado não está navegando em bons ventos. E como estes profissionais têm grande alcance nas regiões, certamente, e principalmente os corretores de imóveis sempre visualizam um local com grande potencial comercial a algum setor com alcances diversos, seja rural, comercial e industrial. Estes agentes são necessários como os geradores de demanda real para o surgimento de oferta.

O trabalho dos corretores por envolver o contato com muitas pessoas, assim como o percurso geográfico diverso de vários locais, lhes garante uma visão privilegiada de bons vendedores. Algo ideal também para perceber e notar boas oportunidades de negócios. Há diversos relatos de corretores que estavam trabalhando, e em sua frente visualizaram ótimos pontos comerciais, ou potenciais áreas para parques industriais e demais oportunidades mais elaboradas. Assim, como locais para negócios complexos, e.g. o corretor está em um local fazendo a apresentação a alguns clientes, e após esse atendimento, verifica um local que seria ótimo para a instalação de um ponto turístico ao município, ou um parque, uma universidade, ou mesmo algo mais simples como um supermercado, um posto de gasolina, uma fábrica de borracha, já que conhecem toda a região onde há matéria-prima e demanda. Os profissionais de corretagem possuem em sua maioria um olho de águia para negócios e demanda. No entanto, podemos estimar que a maioria dos negócios potenciais seja perdida e sequer seja desenvolvida. E como já sugerido, gerar uma forma de fazer esses profissionais ganharem alguma renda, mesmo que pouca, mas complementar, com essas identificações de bons negócios seria algo bom para todos.

Logo, um sistema que pague por essas identificações de oportunidades, como um aplicativo de celular no qual o corretor insere a foto, endereço e local, e os tipos de negócios que no local poderiam vingar. Em troca, receberia uma pequena taxa de créditos por esse trabalho. Do outro lado, investidores pagariam para assinar esse portal e teriam acesso a milhares de ideias, oportunidades e demandas para negócios. Fazendo o ciclo fechar e gerar negócios, empresas e complemento ao emprego. Monetizando pessoas ou grupo com habilidades em gerar oportunidades e demandas que é a chave para novos negócios e empregos. Portanto, gerar uma metodologia, um método, um conceito que una muitas pessoas para a geração de oportunidades, demandas e empregos é uma saída ainda não realizada com intensidade. Ao invés de termos muitas pessoas indo atrás de emprego, selecionar uma parte deste contingente para gerar empregos é uma das saídas. Portanto, a proposta deste trabalho que obviamente não é ainda a fórmula completa, mas as primeiras bases ao convidar aos leitores a refletir e pensar no caso. Como uma ideia simples, beneficiar e monetizar as pessoas que possuem habilidade de encontrar demandas a serem supridas e oportunidades de negócios, também com o tempo poderão melhorar esse procedimento de geração de negócios, empresas e renda. Ações assim fariam parte de um pacto pela geração de empregos. Que seja uma pessoa que identificou a oportunidade de gerar em um local uma feira de artesanatos para pessoas aposentadas, ou donas de casa ter uma renda, e ali apontar como poderia ser feito. Partindo dessa identificação, um prefeito ou alguém colocaria em prática este projeto, e com isso já teríamos no mínimo vinte pessoas com pelo menos uma fonte de renda, por menor que seja. Ao menos, para muitos, só o fato de ter uma ocupação lhes livraria de problemas psicológicos, como se sentirem inúteis ou entrar em depressão ou coisas deste nível.

Como podemos verificar, falando de forma alegórica: como há sol para todos, o que se busca aqui é um procedimento, uma metodologia padrão nacional que possa ser replicada em qualquer país para formar ocupações para as pessoas. E assim fazer essas sementes germinar, e nutrir as mesmas. Todos falam sobre desemprego, e de fato o desemprego em massa é algo que beira a violência contra as pessoas. O desemprego é uma violência silenciosa e agride tanto quanto a violência física. E colocando este ponto de vista, podemos notar o quanto é importante gerar um procedimento, uma metodologia, um método que se torne uma máquina de gerar empregos e ocupações. Pelo deixa-se fazer liberal não basta, já se provou ineficiente, é preciso a colaboração de todos. Aos poucos, ao longo deste estudo serão detalhados mais conceitos, ideias e métodos, que ao final e com a colaboração de muitos ao longo de sua aplicação se tornará um possível método de gerar ocupações.

4. O estado como gerador de empregos e desenvolvimento

Há muitos casos exemplares que informam claramente que sem o estado muita tecnologia atual jamais teria vindo à tona. São gastos monumentais sem qualquer perspectiva de retorno a curto prazo, e.g., o grande colisor de Hádrons é um exemplo, a ponto de lançar a questão: qual setor particular no mundo teria disponibilidade ou iria investir em algo deste nível? Pode até existir, mas não o fizeram e desconheço algum exemplo de grande monta realizado por setores particulares sem o estado financiando. O estudo, ciência, pesquisa, desenvolvimento e industrialização sempre tem o estado na maioria dos casos insuflando e promovendo. Não obstante, diante de uma cultura de concentração de renda total, há também espaço para a ação do estado mediar, sendo este assunto complexo, mas podemos resumir que com alterações mais justas nos impostos, assim como normas, procedimentos e regulamentações, muitos empregos podem ser gerados e equalizar a distribuição de renda. Por exemplo, a maioria das médias e grandes empresas precisa ter corpo de segurança contra acidentes, incêndios e desastres prontos a agir. Logo, o setor de latifúndios possui alto volume de produção as custas de nossa flora e fauna, mas não gera empregos constantes em volume. Qual a razão justa de não haver mais impostos a esses setores, e esses impostos serem investidos em reindustrialização do país.

> *Enquanto países desenvolvidos investem em educação séria e de qualidade, assistem os jovens e adultos colhendo os frutos, países como o Brasil investe em isentar impostos de concentradores de renda, especuladores, banqueiros, latifúndios, bilionários, patrimonialistas e transferem essa conta para os pobres pagar.*

O estado tem o poder de gerar polos industriais próximos as grandes cidades, por meio de desapropriações para levar o equilíbrio econômico às cidades e desfazer a danosa desindustrialização. E se uma multinacional tiver a intenção de implantar uma fábrica de celulose próxima a uma grande cidade? Qual é a razão de o estado e os poderes não incentivarem uma ótima ideia como esta? Inclusive com a desapropriação de áreas, e incentivos fiscais. Seria o casamento perfeito, uma área preservada para plantio de árvores de corte para produção de celulose, que consequentemente iria ajudar no clima da cidade, gerar empregos de qualidade e ajudar a natureza. Tudo ao mesmo tempo, qual é a razão de o estado não gerar de forma subsidiada e com desapropriações ao menos dois polos industriais encostados nas grandes cidades, com todos os direitos as indústrias, e permitindo que estas tenham inclusive chaminés. Basta verificar aquele filme chamado: campo dos sonhos, o qual havia a frase: "construa e eles virão". Ações como essas de fato geram empregos, mas são de monta do estado, fora do alcance de pessoas comuns. Pessoas comuns são criativas, possuem ideias e na maioria dos casos com limitações para a execução dessa criatividade e ideias. Ambientes para execução de eventos de economia criativa requerem altos custos em alguns casos. As populares feiras do rolo que existem em todo o Brasil são exemplos de eventos de baixo custo, mas que ocorrem sem qualquer complexidade. Porém, para algo mais sofisticado, como ambientes para pessoas executar ações mais complexas exigem espaço, ambiente propício, e infraestrutura, na maior parte dos casos, para as microações, e testes de validação de ideias, isso requereria ações do estado. E de fato, o estado é como uma "faca de dois gumes", tanto pode ser uma máquina de destruir empregos como uma máquina de geração de empregos em volume e em qualidade, tudo é dependente de quem segura o cabo.

A construção de baixo custo e popular no Brasil, assim como a de média e grande obras, possuem grandes gargalos em relação ao paisagismo e ao meio ambiente. Por exemplo, pessoas compram materiais de construção e começam fazer casas, desmatando e destruindo todo o meio ambiente, assim como não resta nem espaço para um jardim, o que não é recomendado pela organização mundial da saúde. Portanto, se houvesse um acordo ou arranjo comercial para ao menos construtoras e construções em geral e lojas de material de construção ofereçam o serviço grátis de urbanismo, paisagismo, engenharia? Bastaria uma lei assim, resultaria em muitos empregos, em um arranjo que todos ganham, no qual as construtoras e os envolvidos também ganhem de algum modo e principalmente o meio ambiente. Há profissões essenciais que são descartadas praticamente. Qual seria a razão de algumas cidades estarem entre as 10 mais feias do mundo, estando estas na lista ou ranking entre as dez mais feias do mundo (Ranking U City, 2020). Na atualidade pela lei, todas as empresas devem ter ao menos uma pessoa encarregada com a segurança e o combate a incêndio. Para atuar com a brigada e os primeiros socorros caso haja uma eventualidade não planejada. Nada mais justo, diante dos perigos que rodeiam os sistemas de produção. Não obstante, observamos um profissional importante que é descartado exatamente por ser vulnerável a ser descartado, como já explicado que são os paisagistas. Uma lei para obrigar que toda a construção tenha um projeto simples, que se obtenha pelo menos um desenho paisagístico nas construções e cidades é só um exemplo de progresso na geração de empregos. Em parceria com as lojas de construção poderiam ser por essa lei obrigadas a ter em seu quadro no mínimo um engenheiro, um arquiteto e um paisagista, estes venderiam nessas lojas o pacote, ao qual as pessoas de renda baixa poderiam comprar esses serviços, em um arranjo entre lojistas, fabricantes e em alguns casos subsidiados. Serviços profissionais de qualidade subsidiados por essas empresas, uma pessoa de baixa renda poderia pagar, apenas uma pequena taxa, dividida em parcelas. E assim teriam em mãos o serviço profissional e o projeto de um engenheiro, um paisagista e um arquiteto. Estes proveriam as construções de baixa renda com auxílio técnico, a preço irrisório. O resultado seria que os bairros com o serviço dos paisagistas teriam mais segurança construtiva, qualidade visual, mais áreas verdes e mais espaço ao meio ambiente. Este é só um exemplo de possibilidade remota de geração de empregos.

O poder do estado é vital no desenvolvimento e geração de empregos.

Ao estudarmos as atuais empresas, algumas levaram até mesmo séculos para chegar a altos níveis tecnológicos em suas máquinas e processos. No caso, refrigerantes que eram bebidas farmacêuticas para auxiliar a digestão se tornaram famosos, e possuem muita fama e marketing. Mas, sobre produtos altamente complexos, como aviões, impressoras, computadores, celulares, no geral, aparelhos que contêm alto número de componentes, estes requerem altos investimentos, dedicação de décadas, e melhoria contínua frequente. Neste caso, há exemplos de empresas que por décadas se dedicaram a estes feitos, mas a ciência básica ainda sim veio dos investimentos pesados do estado, adaptado de (M. Mariana, 2014). Neste ponto podemos considerar que essa parceria entre estado e setor privado é o real gerador de empregos. E essa parceria deve se tornar mais produtiva e não separada como alguns defendem. Seguindo esse raciocínio, se o estado promover ao que lhe compete, como por exemplo, fornece grandes espaços para indústrias, e lhes cobrar produção e empregos, obviamente que teríamos como resultado muitas pessoas empregadas. Há milhares de arranjos e casos de exemplo, mas fica evidente que sem o estado a geração de empregos é de baixo volume ou de baixa qualidade. E sem o estado, dificilmente haverá reindustrialização em qualquer país que seja.

Uma das máquinas potenciais para a geração de emprego no mundo é a industrialização em massa, a ponto de notarmos que países sem indústrias são países fracos economicamente e com sérios problemas sociais. O industrialismo científico com o estado investindo em ciência, pesquisa e promovendo indústrias é o caminho para a geração de empregos em volume e qualidade. Através de pesquisas básicas podemos perceber que onde o liberalismo se instala, o desemprego e a miséria acompanham, exceto para os promotores do liberalismo que concentram renda. Há um potencial enorme de inovações que tendem a gerar empregos no qual a maioria das ocupações remuneradas sequer existe na atualidade, mas para alcançar esses polos de produção é preciso investimentos coordenados e planejamento. Na tabela 1 podemos observar apenas uma ponta de um dos icebergs do que está por vir, considerando que na tabela não contém as revoluções com circuitos eletrônicos de nova geração, a revolução verde, inovadoras regras de negócios baseadas em computação quântica, inovações dos materiais, e centenas de outras inovações.

Tabela 1 - Algumas previsões de bases tecnológicas e inovações a novos negócios nas próximas décadas

Inovações e tecnologias potenciais já existentes e em desenvolvimentos potenciais para negócios	
Agricultura urbana vertical Alimentos de laboratório Alimentos sintéticos Automação Cidades inteligentes baseadas em iOT Computação quântica e nuvem Comunidades de realidade virtual Conectividade Digitalização de negócios e processos Economia verde Energias alternativas e-Têxteis com nanosensores e iOT Fazendas marinhas para recomposição atmosférica Hospitalidade espacial Ilhas artificiais Impressora 4D Inovações arquiteturais e urbanas Inovações com blockchain Inovações em biociências e nanociências Inovações medicinais e novos equipamentos	Inteligência artificial iOT Internet das coisas Locação de robôs inteligentes ligados em iOT Manufaturas industriais espaciais Mineração espacial Novos produtos e serviços WEB Produtos baseados em ciência pura Produtos com elementos químicos raros Produtos e serviços de veículos voadores Produtos sustentáveis Robôs controladores de trânsito Sistema imune e sangue sintético Sistemas antirruídos de drones Tecnologias com display Tecnologias com hologramas realísticos Tecnologias de terraformação Tecnologias do cérebro Tecnologias e serviços espaciais Tratamentos com células-tronco Veículos ultraleves inteligentes

Fonte: pesquisa do autor.

Conforme observado nesta tabela há um grande potencial de tecnologias para novas indústrias que poderão ser desenvolvidas. E esta tabela contém apenas uma minúscula fração do que está se formando. Podemos assim concluir que sem industrialização dificilmente qualquer economia terá um arranjo de qualidade e um desenvolvimento próximo à satisfação de seus cidadãos. É primordial e vital haver parques industriais em volume e políticas industriais no país, sem indústrias em massa não há como ter progresso e empregos. Em nenhum caso na história houve igualdade ou algo próximo. E essas inovações que estão se apresentando além de seu charme a tudo que é novo, curioso e futurístico em muitos casos, possuem acima de tudo alto potencial de concentração de renda em massa. Infelizmente, novamente veremos muitos dispensados pelo excesso de contingente. A única dúvida é se ocorrerá em maior ou menor quantidade a que verificamos na atualidade.

5. A cultura de manufatura perdida e as microindústrias

Tempos atrás, algumas décadas na realidade, era comum haver muitas microindústrias de fundo de quintal, como eram chamadas. Produzia-se de tudo que se possa imaginar. Desde uma gráfica a uma peça de carro, inclusive alimentos, eram diversos modelos, tamanhos e portes. A cultura de manufatura era de fato forte e presente na maioria das cidades pelo Brasil. Entenda como cultura de manufatura o fato de pessoas se interessarem como as coisas eram feitas, e correr atrás de conhecimento técnico até conseguir fazer por si mesmas. Essa era uma cultura forte e presente. As pequenas e microindústrias de fundo de quintal como eram apelidadas, geravam muitos empregos. Mas, tinham um forte problema com as vendas, geralmente eram vendas locais, entre a comunicação chamada boca a boca e uma pequena rede de distribuidores próximos, nos comércios da região e da cidade, vendas geralmente por consignação. A questão de vendas e comercial sempre foi uma tormenta para essas empresas de fundo de quintal. Realmente, não basta o conhecimento técnico da produção, mas sim o conhecimento comercial e da demanda. Sobre a questão técnica, hoje, com a Internet, parte dessa cultura de querer aprender e fazer as coisas está retornando. E curiosamente, há garagens e oficinas sendo montadas nas casas de pessoas que fazem por hobby e algumas virando negócio. No geral, é uma espécie de retorno as indústrias de fundo de quintal. Pequenos pontos de manufatura nos fundos de algumas casas ou áreas de empresas, espaços transformados em pequenos pontos de manufatura, cômodos, garagens e galpões para a produção. Hoje em dia, curiosamente até em prédios de apartamentos residenciais há casos de pequenos pontos de produção leve acontecendo. Dizendo como era conhecido antigamente, fábricas de fundo de quintal ou mesmo microindústrias.

O problema para vender o que se produzia sempre foi um pesar para as indústrias de fundo de quintal. As opções comerciais eram prospecção porta a porta, consignação, anúncios em classificados de jornais impressos, representantes e a espera por pedidos. No entanto, na atualidade, a Internet pode inclusive quebrar essa barreira. Não é fácil produzir algo e ao mesmo tempo vender e tratar das questões comerciais. Um simples site de e-commerce profissional que ofereça serviços, sem ter que produzir nada físico de fato, já é um trabalho monumental e por vezes exige de seu dono a presença quase onipresente para administrar todas as questões diárias. Ao imaginarmos que uma microindústria em sua grande maioria só tem o próprio dono do negócio, aliar a produção com a questão comercial, seja visitando clientes ou administrando o negócio online e com presença onipresente em redes sociais. Isso é um desafio enorme que poucos locais ensinam, apenas no dia a dia o empreendedor nota como é desgastante, sobra a terceirização ou contratação de mão de obra, o que não é viável a boa parte das microproduções.

Como questões técnicas, atendimento a clientes, manter a presença virtual, realizar campanhas, marketing, oferecer serviços, e demais questões comerciais. Entre diversas causas do fechamento de muitas pequenas fábricas se deveu a questões econômicas nacionais e internacionais. Entre tantos problemas nacionais, com o oriente aparecendo com produtos simples a eletrônicos e tecnologias a preços irrisórios de tudo que se poderia imaginar em produtos. Inovação, preços massivos e ofertas em massa, não teve como se sustentar, a maioria absoluta das microindústrias faliu. E junto a essas falências muitas dessas pequenas empresas levaram junto a expertise de seus donos, ao qual chama-se neste livro de a cultura de manufatura cultural artesã. Algo que estava no âmago da alma de seus criadores. Como o mundo funciona em ciclos, na atualidade temos a roda do mundo girando e com as novas tecnologias, sistemas de comunicação instantâneos, observamos nova oportunidade de reviver e reativar a cultura de manufatura no ocidente. E já está ocorrendo com uma velocidade incrível. Um dos expoentes dessa nova geração se apelidou como os makers e a cultura DIY *do it yourself* ou faça você mesmo. Grupos de amigos que se unem para fazer oficinas de fundo de quintal para aprender fazer e operar máquinas, fazer processos e produzir coisas. A maioria sem fins lucrativos, mas nada os impede de criar coisas inovadoras e transformar o hobby em negócios.

Um retorno à cultura de manufatura e geração de microindústrias é um dos passos principais para que a economia retorne ao seu patamar mínimo de subsistência. E contribua com mais produção local e menos importações de produtos manufaturados. As indústrias de micromáquinas existem em grande volume no Brasil, mas podem se tornar ainda mais ativas com a reativação desse setor, que virá pela conscientização de pessoas criativas e sua vontade de criar algo inovador e único para a geração de renda e emprego. Mas, antes disso ocorrer é preciso que haja menos burocracia, e que ocorra mais promoção e cursos de química, para que haja mais conhecimento neste ramo potencial para a geração de produtos e empresas. Dessa forma, desde artesãos até mesmo técnicos e microindústria em geral poderão encarar a química como mais uma ferramenta. Dentro das regulamentações, qualificação seguindo as normas, fichas técnicas de produtos químicos e toda segurança, preferencialmente com os produtos seguros. E dessa forma, poder usar sua criatividade para a geração de mais produtos e inovar. Além da química, hoje em dia, com a internet, há simulações de laboratórios e ensino geral de como fazer as coisas mais complexas que se possa imaginar. Uma pessoa que aprenda a gravar placas eletrônicas, soldar, fazer modelos, desenvolver processos, fórmulas, gravações, automatização moderna e um monte de possíveis oficinas, poderá criar e replicar equipamentos complexos para a produção de produtos. A reativação das microindústrias que sejam no setor de vestuário, couro e moda, calçados, plástico, madeira, eletrônicos, químicos, inovação e tantos outros têm além da vantagem da Internet e da facilitação da comercialização por marketplaces, o setor tradicional de distribuição e venda local. Além do mais, as formas de logística e envio expresso são mais dinâmicas e podem trabalhar com a venda e a entrega porta a porta em qualquer parte do mundo, ou seja, exportação. Na atualidade há centenas de oportunidades de negócios industriais possíveis, e como há poucos espaços nas grandes cidades há a possibilidade de se montar microindústrias e pontos de manufatura compactos para a exportação.

Na atualidade há poucos espaços para indústrias nas grandes cidades, é um problema urbanístico que indica desequilíbrio a ser considerado. Curiosamente, na década de 90, uma indústria de chocolates e doces se instalou em um prédio de vários andares, a matéria-prima normalmente granulada em bags ou líquida em tonéis era transferida entre os andares por elevador e por tubulações sanitárias estanques. Usando bombas e pressão de ar para particulados, por sopragem. Resumindo, uma indústria foi montada em um prédio de vários andares, e foi escolhido assim porque o projeto queria separação entre a produção dos produtos, para não ocorrer contaminação de odores e sabores com as essências usadas, e por outros motivos, além de ser um processo de produção considerado leve. Até hoje, na região do tradicional bairro do Brás em São Paulo, verificamos pequenas indústrias têxteis em prédios de até mais de seis andares. Além da tradicional rua das máquinas no Brás, local que revende ótimas máquinas industriais novas e de segunda mão.

Segundo relatos de pessoas que viveram nas décadas de 60, 70 e 80 puderam observar o Brasil como uma potência têxtil de reconhecimento mundial. Eram indústrias enormes fazendo uso de um algodão de primeira qualidade e outros tecidos de outros materiais, tudo com todas as produções locais. A indústria têxtil formava uma cadeia realmente longa na economia, e ao longo dessa cadeia formou-se diversas empresas e empregos. Um exemplo muito comum na época eram os alfaiates de médio e alto nível que criavam peças únicas e personalizadas. Outro setor tão importante quanto eram os produtores locais de guarda-chuvas. Poucas pessoas lembram dessas lojas especializadas nacionais que faziam guarda-chuvas personalizados, como alfaiates de guarda-chuvas, de alta qualidade que eram conhecidos pela alta durabilidade e resistentes a ventos fortes. O atendimento nessas lojas era realmente personalizado, há relatos de crianças que poderiam escolher os desenhos a serem impressos nos guarda-chuvas, e o braço das pessoas era medido antes de produzir o guarda-chuva, para que o produto fosse realmente personalizado, com a escolha das cores e até o material do cabo e inclusive alguns formatos. Essas lojas eram espalhadas pela cidade e bairros. Mas, infelizmente após a década de 90 com os avanços de importados da Ásia, essas lojas não resistiram, e acabaram, assim como prejudicando a indústria têxtil nacional, e o desemprego como um dominó foi arrebatando mais e mais pessoas. Esse exemplo dos guarda-chuvas nacionais é só um caso do quanto a economia foi prejudicada com a importação e sem qualquer ação para a proteção da produção nacional, em números foram milhares de empregos perdidos, além da microprodução próxima as pessoas com sua personalização e amizades perdidas.

Realmente, tivemos uma desindustrialização massiva no Brasil e outros países também sofreram essa penalidade. Como as indústrias abandonaram esses espaços, deixaram um vácuo, a maioria dos espaços foram ocupados por prédios de apartamentos, e a especulação transformou muitas cidades em condomínio residencial causando desequilíbrios produtivos pela perda de diversidade de negócios. Como defende-se neste estudo, as cidades e bairros têm que ter diversidade econômica, negócios de todos os setores, independente se na cidade ou no campo. Empresas que focam apenas no petróleo cedo ou tarde, assim que os preços caem no mercado o país paga caro por isso, já países que diversificam a sua economia ao máximo, abrindo o leque dos negócios e investimentos a exaustão de forma intensiva, colhem prosperidade. Resumidamente, há um movimento crescente de volta das fábricas de fundo de quintal, e algumas que crescem e precisam de mais espaço. Fica a dúvida, se o setor imobiliário cria prédios verticais mistos, comerciais, residenciais, e tantas outras combinações, não seria interessante casos de prédios manufaturas, para produções leves de pequeno porte que não exija esforços estruturais? Obviamente que ninguém pensaria em instalar uma prensa em um prédio, mas uma oficina de costuras, uma oficina de impressão, um ateliê de artesanato industrial, ou seja, produções leves, mas que possam fazer barulho dia e noite, e sem afetar a estrutura do edifício. Até mesmo uma marcenaria leve de pequenas peças ou serralheria artística leve, sempre estudando e respeitando a questão estrutural do edifício. Se, seria viável ou não é o caso a ser julgado e analisado, o objetivo neste estudo é que o leitor compreenda que diversificar traz oportunidades, usando essa possibilidade serve para exemplificar o caso. E como o objetivo desse estudo é a geração de empregos, nenhuma possibilidade deve ser desconsiderada. Ou seja, opções é a palavra que se tenta apresentar com a diversidade econômica que gera e traz opções.

Um dos exemplos mais icônicos de diversidade econômica da atualidade é Dubai nos Emirados Árabes. Uma monarquia administrada pela família Al Maktoum, estes tiveram a fartura de encontrar muito petróleo em seu solo, o que lhes proporcionou riquezas incontáveis pelo ouro negro, ajudada pela própria estabilidade da monarquia presente. No entanto, ao invés de fazer como a maioria das nações, e encostar na mordomia, esperando a alta do petróleo, os monarcas Árabes transformaram a cidade em um diamante em pleno deserto. Contrataram os arquitetos mais sofisticados do mundo, transformando a cidade com diversidade econômica e arquiteturas ultramodernas, shoppings de alto luxo, investiram em promoção da cidade e acima de tudo, diversificaram massivamente a economia. Tornando a economia em uma cidade bem projetada, dinâmica, diversificada e aberta ao empreendedorismo. Na atualidade observa-se o petróleo apenas como um nicho perante milhares, além dos negócios derivados do hidrocarboneto. Logo, a diversidade apresenta negócios como publicações editoriais a campeonatos esportivos, setores de produção, setor agrícola, manufatura industrial a centros de ensino. E ao diversificarem tanto a economia e os espaços da cidade, não tendo somente residências, ou somente comércios, ou somente áreas de lazer, mas diversificando a ponto de haver concentração em diversificação e hoje é um país invejável por muitos, um verdadeiro diamante no deserto. Portanto, esse novo fôlego que vem lentamente surgindo das microindústrias se apresenta como uma possível esperança à economia, e resta-nos saber aproveitar a quem tiver visão. A população em sua maioria quer a reindustrialização assim como quer a diversificação econômica, e querem prosperidade, empregos e meio ambiente preservado. É o que todos nós queremos, algo possível e viável.

6. Discutindo detalhes sobre a Internet a caminho da concentração de renda total

As famosas frases populares sempre possuem sabedoria e são tantas como: o barato sai caro, o que vem fácil vai fácil, se é fácil demais é porque não é bom, criam dramas em cima da suposta dificuldade para lhe vender a facilidade, ou em alguns casos até mesmo criam a dificuldade para lhe vender a facilidade. E tantas outras frases que apontam ao buraco sem volta ao qual aparentemente estamos adentrando com a concentração de renda total. Embora haja casos e casos, boa parte de todo o objetivo da maioria destas supostas "modernidades" não é outro senão a concentração de renda total.

Quem conhece a história sabe sobre o ocorrido com o ópio e como este foi usado em tempos atrás para manter populações dopadas, enquanto os saques e a dominação eram realizados. Já há quem diga que o ópio moderno se chama Internet e seu excesso de entretenimento ao mesmo tempo cerceia a liberdade e a capacidade de ações. Na atualidade problemas sanitários poderão ser cada vez mais frequentes, e esta será uma possível desculpa para convencer as pessoas a não usarem mais dinheiro em espécie. O que resulta na perda da posse das moedas, enquanto setores de alto poder global financeiro aplicarão cortes e mais cortes de custos aos estados por poderosos lobbys, concentrando ainda mais renda, enquanto a maioria perde seus empregos e não veem reposição do outro lado.

Conforme veremos, colocaram o fim da lista telefônica comercial impressa, um classificado com os nomes de empresas e outros serviços, e assim aos poucos a concentração de renda em massa se intensifica. Os buscadores da Internet em sua maioria começaram praticamente virtualizando o nicho de negócios das listas amarelas, algo bom, criando negócios virtuais, mas o antigo modelo não precisava ser eliminado. O justo era para as listas amarelas ainda existirem, e ainda existem em países desenvolvidos.

Muitas pessoas sempre usam frases como: o sucesso é ser economista, jogador de futebol, programador, web designer, entre tantos achismos comuns, e alguma dessas áreas digitais. Mas, até mesmo essas áreas "em alta" além de saturadas, já veem afirmando que haverá a sua extinção por meio de processos automatizados tecnológicos e ferramentas inteligentes, pela automatização total de processos. A concentração de renda total só avança, e neste ponto vemos que são necessárias ações do estado. No começo dos anos 2000 o setor digital vendeu a imagem que todos iriam trabalhar em escritórios bonitos, sentados em puffs coloridos, se divertindo o dia inteiro, jogando sinuca e tomando café expresso [...], a realidade está à mostra com desemprego e muitos empregos vulneráveis, a ordem é cortar custos, e até eliminar o trabalhador dos processos das companhias quando possível.

Aos poucos, estão tentando eliminar todos os custos, acabar com tudo, para a concentração de renda total. E para não ficar evidente, vão dando ópio as pessoas, com ilusões virtuais e muita diversão e distração digital.

No qual o neoliberalismo solapa a economia real, com o cenário de negócios principal não mais sendo de indústrias e microindústrias e produtores da economia real, mas sendo tomado pelos cassinos financeiros globais, e seus gráficos dançando ao redor do mundo sem fronteiras. A virtualização de tudo não é nada mais do que corte de custos na maior parte dos casos, obviamente, tem milhões de pontos positivos, mas, sobre empregos está causando uma transição muito rápida. Se antes uma pessoa poderia andar na rua e ligar por telefone público para uma central de telefones pedindo o número de uma empresa para negócios, hoje as telecomunicações lhe mandam consultar a Internet e os cortes de custos avançam e a concentração de renda a galope. E assim vão cortando, reduzindo, concentrando renda sem limites e empregos eliminados, sendo este apenas um exemplo diante de tantos.

- Para os mais novos, a lista amarela era como um livro com páginas amarelas, organizado por ordem alfabética e havia o nome, logo, telefone e endereço de todas as empresas do estado ao qual a pessoa morava. A cada seis meses ou um ano, quem tinha linha telefônica ganhava uma atualizada pelos Correios. Era como um buscador, a pessoa precisava, por exemplo, de uma loja de decoração, abria a lista no setor e lá estavam organizadas várias empresas a sua escolha. Para produzir a lista amarela, eram necessários vários funcionários, gráficas, editores, mecânicos, entregadores, todos demitidos. Curiosamente, em países desenvolvidos, ainda entregam listas amarelas, mas em países como o Brasil, cortaram os custos. Sendo importante o leitor considerar o caso exemplificado pela lista amarela apenas como um exemplo simples para ilustrar a concentração de renda massiva que está se formando no mundo com mais desemprego.

- Ou seja, demissão, redução de custos e mais lucro para estes, enquanto a população amarga o desemprego estrutural. Tudo virtual, sem que você tenha mais direito a posse do valor, e como é virtual, quem seria o dono em um caso de emergência? Sim, estão preparando o caminho para moedas virtuais. Logo, mais desemprego e mais concentração de renda.

Os grandes conglomerados particulares de medicina aos poucos e disfarçadamente vão criando os meios, vagarosamente para acabar com o atendimento presencial. É o caminho lento para chegarem aonde querem, que será a telemedicina, ao qual com o objetivo alcançado, ou seja, redução de custos. Aliás, qual seria a desculpa de um funcionário ter que sair da empresa para ir ao médico, se este pode abrir a tela do computador e se consultar com o médico em menos de 10 minutos? E isso é o de menos, sendo que o atendimento a distância eliminaria o custo com médicos. Como sempre, o barato jamais é para as pessoas, muitos se enganam com as facilidades. No final, a concentração de renda total para poucos é o único objetivo e o desemprego é resultado, com um mar de desocupados sem renda como resultado real. Sem dúvidas que essas modernidades possuem seus pontos positivos, mas é preciso equilíbrio para não prejudicar pessoas mais vulneráveis. São muitos os pontos positivos, de fato, mas o alto volume de pontos negativos sempre é para as pessoas debaixo da pirâmide. Podemos ver estudos completos sobre o tema em (Snabe, 2018) e (Thinggaard, 2021), ao qual abordam os temas da nova economia e o futuro de um sistema produtivo em revolução, além de tratarem da digitalização econômica.

Certamente que para uma economia vigorosa é preciso a diversificação da economia e principalmente a reindustrialização efetiva, mas onde está o equilíbrio se só vemos concentração de renda nessas ditas modernidades? Realmente devemos continuar a seguir os processos modernos, e sem danificar a malha industrial e de empregos necessária para manter com alguma qualidade as populações é preciso atenção às tendências do amanhã, assim como aumentando o ritmo da inovação. É preciso manter um ritmo constante de reinvenção, criar meios para que as pessoas voltem a sonhar e buscar pelo sucesso no espaço produtivo e tecnológico, inclusive usando as ferramentas digitais para impulsionar a inovação e promover a produção real.

7. Caçadores de demandas e oportunidades

Há muitas teorias sobre negócios, mas poucos falam algumas realidades inconvenientes. O mais importante em um negócio que começa embora importante não é planejamento, planos de negócios, modelos de negócios, regras de negócios, burocracias de abertura, e sim identificar demandas e ter um produto ou serviço ao qual os concorrentes terão difícil acesso. Conseguir competir na atualidade está se tornando cada vez mais difícil, dado o volume de concorrentes e complexidade nos negócios, mas isso não impede ninguém de empreender. E é possível ousar dizer que mesmo com milhares de concorrentes é plenamente possível concorrer e ganhar. O mais importante em um negócio são as pessoas, o envolvimento social com pessoas, a parte comercial, em resumo, o mais importante é o conhecimento próximo sobre a demanda. Compreenda a demanda como os seus clientes. Ter habilidade e simpatia com as pessoas, se apresentar com seus produtos e serviços de forma harmoniosa, manifesta o desejo de possuir o que você produz, gera encomendas e solicitações. Compreenda a sua oferta e o que você produz para oferecer para a demanda como um atendimento de alto nível. Seja industrializado, artesanal ou mesmo serviços realizados, sempre opte pela máxima atenção às pessoas.

Empreender e encontrar oportunidades é como sair aleatoriamente caçando e observando. Empreendedores com mais experiências e com conhecimentos em muitos negócios têm essa vocação nata. Tal como uma caminhada, sair pela cidade ou município onde se está, e sair pelas ruas observando, várias vezes, com o foco em analisar os negócios e ir se perguntando a cada espaço vago que encontrar o que ali daria certo? Essa tarefa, um pouco aleatória e vaga, é uma prática que se pega com o tempo, mas funciona e é mais usada nos setores de comércio e serviços. Nos casos extrativista e industrial é um pouco mais complexa a análise. Serve para afinar o olhar do empreendedor. Sempre que andar pelas ruas, bairros e locais diversos, manter em mente várias perguntas, a incluir algumas questões prontas de exemplo, mas cada pessoa pode criar as suas próprias perguntas que na realidade seria um método de aplicação, como sugestões:

- Por qual razão neste local tem uma doceria e não uma sorveteria?
- Por que abriu uma marcenaria em um local desses? Não seria melhor um restaurante?
- O que melhor poderia funcionar neste local vago?
- Por que nessa área não abrir uma fábrica de alimentos já que no entorno há fartura em matéria-prima?
- Naquele espaço cairia como uma luva uma banca de jornais ou quiosque?
- Nessa região com tanta madeira, uma fábrica de celulose iria suprir a demanda?
- Em minha cidade estão trazendo alface de outro estado, no entanto há diversos espaços que poderiam virar hortas de alface, e há pessoas com experiência em horticultura.
- Nesta região há uma grande falta de transporte público que interligue os terminais aos bairros, e uma empresa de vans que faça essa interligação supriria essa demanda.

Acredite, há pessoas com alta habilidade para encontrar demandas e oportunidades de negócios, possuem visão de águia para enxergar ofertas e demandas, mas a maioria dessas novas ideias de negócios sequer chega ao papel, não sai do abstrato do pensamento, ou seja, empregos que deixam de existir. É uma habilidade que surge com a prática, mas ao mesmo tempo, há pessoas que possuem essa habilidade nata. Centenas ou milhares de oportunidades são perdidas porque simplesmente não foram colocadas em prática. Gerar meios e arranjos para tornar esses possíveis negócios em realidade poderia se tornar em negócios, a regra de negócios para isso está pronta para ser criada. Está aqui mais um potencial negócio possível de ser gerado, uma oportunidade que ligue oferta e demanda. Inclusive, há espaço no mercado para inovações, e.g., já há sites classificados para que pessoas possam ofertar oportunidades. Se um negócio ou uma ação é honesta e não irá prejudicar ninguém e nem o meio ambiente, e ainda gerar renda e empregos, por qual razão não fazer? Embora este estudo não seja em nenhuma hipótese um plano ou dicas de investimento, este tem a intenção única de instigar a criatividade do leitor, e o fazer pensar fora da caixa, com atenção a possibilidades de empreendimentos, negócios e possibilidade de empregos e qualificações profissionais.

Ser um caçador de oportunidades vai muito além da ideia e enxerga a oportunidade, é necessário também ter disposição e os meios para colocar em prática. No geral, o mais importante é termos os caçadores de demandas e oportunidades, que visualizem estas e de alguma forma consiga monetizar o seu trabalho. No mundo do negócio há pessoas campeãs que conseguem fazer todas as etapas de um empreendimento, da criação de algo a vendas, alianças e parcerias e fazer a empresa nascer e crescer, essas pessoas são empreendedoras polímatas. Do outro lado, há pessoas com habilidades focadas apenas para criar coisas, inventores, mas não sabem tirar do papel ou da mente as ideias, há pessoas com habilidades com vendas, extremamente habilidosas com relações interpessoais, com redes de contatos, conhecimento social em geral. Há também pessoas especializadas em gerar tecnologias, mas não conhecem nada de negócios além deste campo. Há pessoas que têm capitais, sabem investir, tem recursos, mas não tem nenhuma outra habilidade de gerar empresas, produtos e serviços ou as habilidades citadas. A questão que se levanta aqui é que com as redes de comunicação modernas, talvez uma plataforma, programa do governo, consórcio entre setores e institutos para unificar esses talentos para a geração de mais empresas, produtos, serviços e demais produções em arranjos com coordenação, talvez pudesse ser um meio para reduzir o desemprego?

Portanto, em teoria, colocar essas pessoas habilidosas para trabalharem todas suas capacidades seria uma forma de se gerar milhares de empresas, emprego e renda. Porém, ainda não temos essa máquina que torne real tantas coisas abstratas que não ocorrem de modo as fazer acontecer, e assim mantendo habilidades de caçadores de oportunidades, demandas e negócios no eterno ostracismo, ou seja, desperdício social, humano e produtivo.

8. Maior popularização de produtos químicos para microfabricação

É obviamente estranho o fato de haver tão pouco incentivo aos conhecimentos químicos e há de ter mais profissionais nessa área de conhecimento. Embora a primeira sugestão seja a popularização de produtos químicos de baixo risco, a ideia principal é que o governo fortaleça o setor químico, e que promova a atração de mais profissionais a este ramo. Com estes feitos haveria mais empresas atuando nesse setor através da popularização dos produtos químicos, e mais pessoas atuando e produzindo, especialmente com produtos de baixa periculosidade. Poderia haver mais popularização das capacidades da química com os produtos seguros e inofensivos. Por exemplo, nestes tempos de Internet uma nova profissão surgiu como os Youtubers, muitos destes com canais técnicos para a popularização de experimentos e até discussão técnica de química, física, biologia e outras disciplinas. Inclusive, a cultura do "faça você mesmo", incluindo coisas complexas, gerou várias pequenas empresas popularizando equipamentos como as cortadoras laser, trabalhos com madeira, impressoras 3D e inclusive eletrônica com Arduino, gravação de placas de circuitos e outros tantos que até crianças fazem acompanhadas de seus pais com todos os aparatos de segurança. Mas, quase nada ou nulo foram experimentos, no mínimo sofisticados usando química ao menos no Brasil, porque em outros países o nível é altamente científico até a edição de genes ocorre e experimentos que até então só em laboratórios ultramodernos.

Infelizmente, além da maioria não compreender química como se deveria, a dificuldade para se adquirir artigos de química segura, às vezes é complexo e com custo elevado em alguns casos. A questão que fica é sobre o alto número de novos produtos e oportunidades, novas empresas e empregos que deixam de ser feitas. Os procedimentos para a compra de produtos químicos são bem estabelecidos. A compra da maioria dos produtos é controlada, segue rigoroso cadastro de números e códigos, e para a manipulação é preciso ter qualificação, logo, boa parte dos produtos não é mesmo algo popular, mas boa parte dos compostos químicos poderia sim ser popular. A serigrafia é um caso popular, no qual se manipula alguns compostos químicos de baixa periculosidade ou nula, o mesmo para fazer espuma e fibra de vidro possuem venda liberada. Mas, ainda há centenas de outras possibilidades ainda não exploradas, e estas só poderão vir à tona e virar negócios com a popularização da química inofensiva. E isso poderia começar com a cultura *Maker* com pessoas especializadas em química segura, que a traga ao seu limite. Quantas empresas e empregos, ocupações e renda poderiam ser gerados? Obviamente que não seriam poucos, de fato, a ideia aqui é apresentar essa demanda, é de fato uma demanda aberta e passiva de ser explorada por pessoas de visão e com especialização, mas o que impedirá de ocorrer consultorias especializadas controladas pelo estado para ajudar a promover a química com toda segurança com o intuito de geração de mais produtos e empresas. Com segurança e boas práticas de manipulação e produção seguindo as regulamentações à risca.

Alguns produtos químicos sequer são fabricados no Brasil, mas isso não impede que estes sejam importados ou feitos no país desejado, embora o preço de alguns é realmente intimidador, mas com a popularização, os preços podem ser amortecidos, devido à alta demanda. Porém, em algum ponto é necessário haver o começo. Vamos sair um pouco fora da caixa, e pensar nos famosos circuitos ou papéis eletrônicos produzidos com química da Henkel™. O Brasil gerou nos últimos anos e popularizou de forma satisfatória a produção e gravação de placas eletrônicas para microeletrônica. Logo, um passo a mais seria a produção de papel eletrônico. Mas, para isso são necessários alguns materiais não disponíveis tão facilmente. Como tinta de prata, tinta de fósforo, tinta dielétrica, plástico PET dopado com ITO *indium thin oxide*, que é uma superfície banhada com vapor de plasma pelo processo *sputtering* (pulverização catódica) com partículas de material condutor ITO, fazendo uso de magnetron, como os encontrados em aparelhos de micro-ondas. Esses compostos só podem estar disponíveis e com preços adequados com a popularização, e a possível venda de kits, inicialmente por *makers* para a produção de LCDs de cristal líquido e outros produtos limitados pela criatividade humana, ou seja, sem limites de possibilidades.

O potencial perdido pela falta de popularização da química é enorme. Citar alguns exemplos na química seria até injusto, tamanho é o potencial deste ramo. Mas, para não ficar muito vago, segue apenas a ponta do iceberg do potencial que é a química, por exemplo: a popularização de produção de espumas, sintetização de produtos, trabalhos com serigrafia eletrônica, pastas, massas, essências, inibidores, ácidos, tinitas especiais, extratos, adesivos, benzoatos, sabões, soluções tampão, componentes para fibra de vidro e espumas, assim como silicones, resinas diversas, dióxidos, parafinas, óleos, velas e mais de mil outros componentes para síntese e processos para manter moléculas em pé. Fazendo uso da Revista Química & Derivados, uma publicação especializada, esta demonstra uma grande expertise no assunto, apresentando detalhes, entrevistas, estudos especializados, lista de produtos, lista de fabricantes nacionais e internacionais, e muito mais. É uma pena que mais pessoas não se interessem por este assunto. E sendo esta obra relacionada à geração de empregos, "a todo custo", no bom sentido falando, e jamais acima da ética e da segurança, é óbvio que a falta de popularização da química segura e de seu potencial acarreta mais desemprego. Vamos fazer uma estimativa, considerando que em todas as oficinas *maker*, assim como em todos os canais gerasse ao menos 20 expertises em produtos baseados em química. Partindo dessa popularização somada a criatividade das pessoas, que é de alto nível, poderia gerar ainda mais produtos e empresas. Algo como colocar em prática as teorias, com foco na geração de empregos. Popularizar alguns procedimentos químicos é a chave para a geração de muitos empregos. Conforme nas imagens a seguir, embalagens da empresa Aldrich que produz e revende diversos compostos químicos, inclusive nanotubos de materiais diversos.

Na imagem 2 a, b e c, observamos frascos contendo o elemento principal para a produção de LCDs monocromáticos.

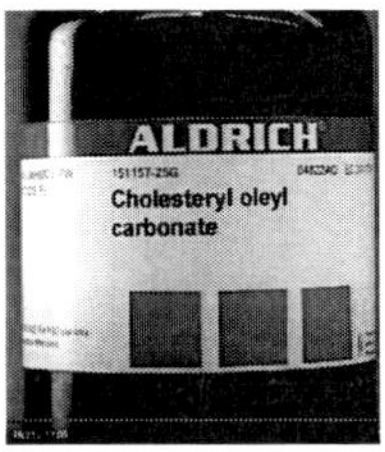

Cholesteryl oleyl carbonate
(a)

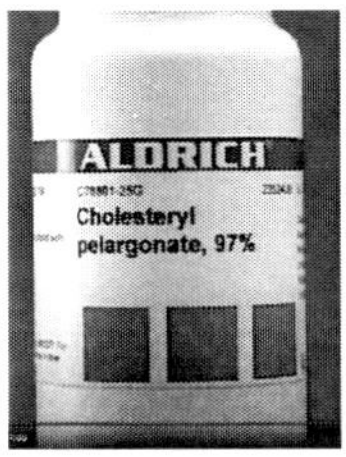

Cholesteryl pelargonate, 97%
(b)

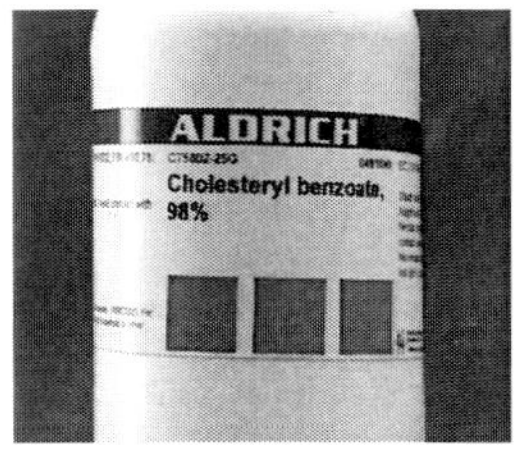

Cholesteryl benzoate, 98%
(c)

Imagem 2 – a. cristal líquido, b. cristal líquido, c. cristal líquido. Ambos servem para fazer telas de cristal líquido, se diferenciando na microestrutura que pode ser nemático, esmético ou colestérico. Fonte: (SigmaAldrick, 2018).

Imagem 3 – após o preparo, o aquecimento fazendo o pó virar líquido, podemos ver e notar os efeitos do cristal líquido. Diferenças práticas entre nemático, esmético ou colestérico.

Nas imagens 4 a 7 podemos verificar exemplos de LCDs flexíveis e um circuito de sete segmentos. Uma eletrônica a ser mais bem estudada e desenvolvida em nosso país.

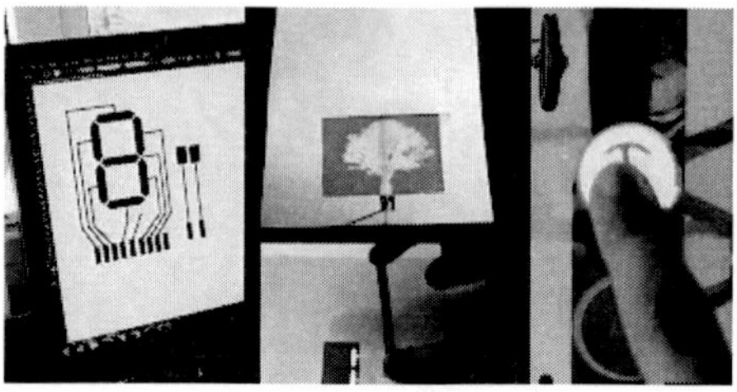

Imagem 4 – LCDs flexíveis simples em acetado e PET utilizando ITO para contato. Fonte: (Henkel, 2008).

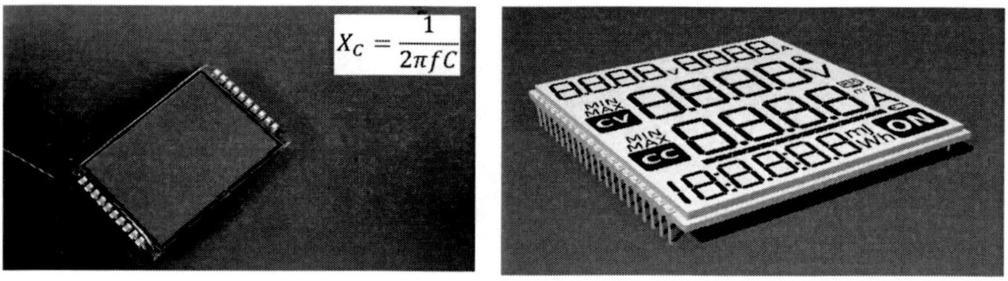

Imagem 5 – exemplos de LCDs em diferentes materiais.

Imagem 6 – LCD monochromatic

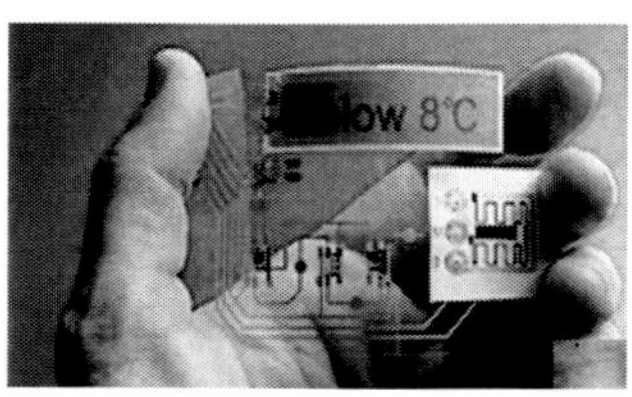

Imagem 7 – Circuito completo flexível em acetato / PET um LCD monocromático para tecnologia de termômetro. Fonte: (Henkel, 2008).

Há determinados ramos e disciplinas que precisam de apoio do estado e não punição. Desse modo não há como promover a química segura de forma mais popular e ética, com segurança total e boas práticas para geração de mais empregos. Os institutos do ramo, sindicatos, empresas e demais capacitados no ramo da química poderiam fazer um movimento nacional a favor da química pela geração de mais produtos, pesquisas, empresas e empregos nesse setor. Nem queiram imaginar a quantidade de empregos que deixam de ser gerados neste setor devido a essas distorções. Como já dito, não é questão de dar acesso a todos, a coisas como ácidos, explosivos e químicos perigosos, mas tornar os produtos químicos mais conhecidos, e assim deixar as pessoas bolarem novas aplicações e usos. E uma das formas de anular essa distorção seria pelo estado e empresas fomentarem pela Internet canais e sites de ensino prático. Fazendo uso de química comercial segura, para a geração de produtos há muitos potenciais empregos. Um exemplo, já apresentado é a produção de LCDs, fazendo uso de químicos. Ou seja, como fazer plásticos e vidros dopados com material condutor, envolvendo física, e aplicação de ITO *índium thin oxide* em PET e outros materiais. Assim como trabalhar com tecnologias mais sofisticadas. Como se sabe, a química não tem limites, que seja a aplicação para serigrafia, ou produção de produtos de limpeza ou adesivos.

A formação de grupos de pesquisa comercial especializados em química seria uma saída para vencer esse temor da química, e apresentar o potencial comercial amplo em geração de novas empresas, emprego e renda que há neste setor. Desde os *makers* a venda de kits, e experimentos semiprontos, assim como outros produtos e a própria popularização de reagentes, síntese, publicações, processos, lojas, acessórios, cursos para microprodução e produção de fundo de quintal. Supomos uma nova geração de artesãos da química, gerando produtos inovadores neste setor, o que resultaria em centenas ou milhares de novos empregos. Já que estes iriam gerar novos produtos de não interesse das grandes indústrias químicas. Ao mesmo tempo, que estariam gerando demanda com algo inovador, e iriam comprar os insumos, resultando em mais vendas, mais receitas, e gerando renda para estes mesmos. Como se observa, todos ganhariam com a popularização da química, e acima de tudo, a popularização da segurança deste setor, dos códigos, da armazenagem e manipulação segura, ou seja, a popularização da segurança, ética e boas práticas em geral. Mesmo parecendo ser uma utopia, esse movimento já ocorreu com as vendas de kits de produção de fibra de vidro e espumas por lojas especializadas, inclusive oferecendo cursos gratuitos a quem comprava o kit, e isso gerou empregos na época. A ideia aqui seria apenas a de ampliar esse movimento, fazendo uso da Internet e de outros meios.

9. Eletrônica complementada com a físico-química

Em países desindustrializados é comum a ocorrência de muitas pessoas com habilidades, mas deslocadas do mercado produtivo. Como exemplo, no Brasil há muitas pessoas com grande habilidade em eletrônica, fazem circuitos elétricos, gravam placas, montam componentes, desenham circuitos em microeletrônica e desenvolvem produtos inclusive. No entanto, falta algo para que essas habilidades sejam completas que envolve a físico-química, algo que está longe de ser algo tão complexo. Seguindo esse conceito, e promovendo a físico-química, segue um passo a passo de como são produzidos os famosos LCD monocromáticos, aqueles que vemos em aparelhos digitais. Em telas de calculadoras, relógios digitais, termômetros e tantos outros aparelhos.

De início parece algo complexo, mas é até mais fácil do que fazer, gravar e desenhar placas eletrônicas, só que o processo não é tão popularizado quanto a eletrônica. O procedimento foi extraído do excelente trabalho de (Liguori D.S.A, 2016). E a quem quiser se aprofundar com mais complementos de como gravar imagens e os famosos números de sete segmentos pode consultar literatura sobre gravação e revelação de filmes, outra recomendação seria literaturas sobre o assunto e canais de internet como os nomeados Applied Science LCD, ao qual o Doutor que apresenta os experimentos realiza o processo de gravação com luz passo a passo. Portanto, se a microeletrônica se tornou tão popular a ponto de ter no Brasil, em Portugal, e demais países diversas pessoas especializadas, e até indústrias do segmento. Logo, este trecho de nosso estudo tenta provar que é apenas uma questão de popularização para que a produção de LCDs monocromáticos também ganhem grande popularização e que em pouco tempo sejam produzidos como vemos na eletrônica ocorrer. Em pesquisa rápida, podemos notar FAB-LABs produzindo eletrônica de bom nível em todos os países de língua portuguesa. Inclusive, com ótimos artigos acadêmicos, como em Angola, Brasil, Cabo verde, Guiné-Bissau, Guiné-Equatorial, Macau, Moçambique, Portugal, São Tomé e Príncipe e Timor Leste. Também foram encontrados ótimos trabalhos de eletrônica na Nigéria e Moçambique. No entanto para LCDs monocromáticos, imagem 8, nada sobre trabalhos acadêmicos, FAB-LABs e pessoas fazendo pelo modo DIY faça você mesmo, praticamente não se encontra, apenas com estes já prontos. Certamente que o custo do cristal líquido é realmente alto, mas nada que impeça a sua compra e uso. A intenção neste tema é incentivar a atenção, estudo e produção de produtos com cristal líquido. A seguir uma descrição amadora que envolve físico-química para produção de LCDs. Uma das técnicas mais famosas para a produção dos famosos LCDs monocromáticos e o uso de cristal líquido com boas práticas em físico-química, descrição seguindo os métodos (Liguori D.S.A, 2016).

(c)

(d)

Imagem 8 c e d – (c) Modelo de Display monocromático iluminado. (d) segmento de sete segmentos.

Fonte da imagem (d) Newhaven Display, 2018. Imagem (c) pixaby, 2019.

Montando um display de cristal líquido

Materiais necessários

- Duas lâminas de vidro revestidas com ITO (Índium Tin Oxide) medindo algo como 20 x 15 mm.

- Solução de álcool polivinílico (PVA)
- Veludo
- Espaçadores de mylar ou papel celofane, espessura de (10 a 20 µm)
- Cola epóxi de secagem rápida (Tipo Araldite)
- Cristal líquido termotrópico 4-pentyl-4'-cyanobiphenyl (5CB)
- Dois pedaços de polaroide (20 x 15 mm).
- Bateria de 9 V
- Fios para ligação elétrica com conectores tipo "jacaré".

Primeira etapa

- Limpeza das lâminas de vidro, com lavagem dessas com detergente, e enxague com água corrente, em todas as lâminas, processo feito com uso de luvas em ambiente extremamente limpo.
- Colocar as lâminas lavadas e secas em um béquer com álcool etílico.
- Necessário um equipamento de ultrassom, colocando as lâminas em banho de ultrassom por trinta minutos.
- Logo após, repetir todo o processo, mas usando água destilada.

Segunda etapa

- Verificar nas plaquinhas o lado em que o ITO está na lâmina. Utilizando um multímetro, encostando em um lado da lâmina as pontas do multímetro, se emitir algum sinal sonoro é porque teve contato e esse é o local em que o ITO foi depositado na lâmina, seja a lâmina de vidro ou PET. Não se pode esquecer ou errar, é muito importante marcar o lado certo da lâmina que está o material ITO condutor elétrico depositado. Material este adicionado na superfície da lâmina transparente por meio de deposição catódica ou *sputtering process*.

Terceira etapa

- Depositar o filme de PVA usando a técnica de spin-coating

- Necessário um equipamento rotativo de spin de laboratório tipo coat spin
- Colocar a lâmina no suporte com o ITO para cima no centro giratório
- Depositar a solução de PVA sobre a lâmina
- Programar para rotacionar por 30 segundos a 3000 rpm.
- Retire a amostra repetindo o procedimento em todas as lâminas
- Em seguida deixe as amostras em estufa em 80ºC por 1 hora

Quarta etapa

- Depositar o filme de PVA usando o processo de casting.
- Com um conta-gotas depositar a solução de PVA sobre as lâminas. Algo como uma gota ou duas, apenas para cobrir a área da lâmina.
- Deixe as mesmas paradas até ocorrer a evaporação completa do solvente.

Quinta etapa

- Fazer as ranhuras sobre o filme de PVA
- Para fazer as ranhuras, esfregar o veludo nas lâminas suavemente em uma só direção, com as lâminas na mesa. Importante que seja feito em uma lâmina as ranhuras na horizontal e a outra na vertical. Esfregando apenas na mesma direção, em uma lâmina na horizontal e outra na vertical.

Sexta etapa

- Montar as chamadas celas
- Com o filme de PVA para cima, posicionar os espaçadores nas laterais da lâmina. Sobrepor a outra lâmina com o filme de PVA para baixo, como fazer um sanduíche. Preparar a mistura de cola epóxi (Araldite). Com um pegador, posicionar e passar a cola nas laterais. Use um prendedor para manter as lâminas fixas até a secagem da cola. Com um prendedor prenda as lâminas fixas até a secagem da cola.

Sétima etapa

- Depositar o cristal líquido, com o auxílio de uma seringa aos poucos, com habilidade, adicione uma ou duas gotas nas extremidades da cela. Espere e observe a absorção por capilaridade. O cristal líquido irá preencher toda tela ou celinha.

Oitava etapa

- Afixar os polaroides
- Posicionar os polaroides de modo que a direção de polarização forme um ângulo de 90º entre estas. Usando fita adesiva para as fixar.

Nona etapa

- Testar o dispositivo
- Conecte os fios à bateria e faça contato com o dispositivo na parte condutiva.
- Reparar que quando aplicada uma diferença de potencial (ddp), a luz não passa na região em que há a cobertura de ITO na lâmina. Este é o princípio básico para fazer LCD monocromático, que são aqueles displays de calculadoras e dos antigos *game boys*, displays de termômetros digital, displays de relógio digital, displays de medição. Sobre desenho, letras e números que irão aparecer o processo de gravação é por meio de revelação. Se for número é necessário gravar os sete segmentos que formam um oito, com as trilhas para as energizar. A lógica para acender os números usa lógica de programação e um controlador. A questão eletrônica não será tratada aqui, mas é de domínio fácil e popularizado, a questão que foi tratada que é menos popular.

Podemos concluir que se há pessoas capazes de fazer placas em microeletrônica em grande volume, como desenhar o projeto, gravar as placas, conectar circuitos e componentes, fazer os códigos, e muito mais, a questão para fazer LCD é apenas uma questão de popularização dos métodos e conhecer os materiais e o princípio físico de funcionamento do LCD. Portanto, se queremos uma reindustrialização devemos recorrer a todos os meios, e esta tarefa é um dos passos para a geração nacional de diversos produtos, e não é nada impossível, se há quem diga que a eletrônica como um todo é mais difícil e complexa do que produzir os LCDs monocromáticos. Esse é um desafio e pode ser alcançado se quisermos mais indústrias e mais empregos. Como conclusão, o que se pretende apresentar é que embora a indústria eletrônica de ponta esteja trabalhando com os MOSFETS, pontos quânticos, OLED, tela resistiva / *touchscreen* e tantas outras tecnologias de ponta, mesmo assim, os displays monocromáticos ainda são uma ponta de lança para a criação de produtos e boas empresas competitivas.

10. Indústrias modernas

O primeiro passo para se compreender a razão de alguns países terem uma indústria de ponta é notar as disciplinas de especialização de foco como estudo de caso Taiwan que por décadas se especializou em engenharia e arquitetura de eletrônicos, como circuitos integrados de primeira geração é um caso exemplar. Além de itens para eletrônicos, LCD e demais tecnologias de manufatura local, compreender o domínio de fabricação desses artigos é fundamental. Hoje os países que dominam essas tecnologias possuem um corpo de engenheiros eletrônicos de valor. Mas, a tecnologia avança e no momento somente alguns países ricos possuem o domínio da arquitetura de circuitos integrados de última geração, assim como os equipamentos de produção e a arquitetura de circuitos tão complexos é de domínio de poucos e mesmo assim as tecnologias neste ramo de primeira geração ainda são consideradas com alto potencial.

As indústrias de produção considerada mais básicas em sua totalidade operam com o processamento de material e produção de itens que por mais simples que possam parecer, sempre estão baseadas em alguma ciência e tecnologia.

A complexidade de cada indústria aumenta na medida em que exige mais conhecimento, máquinas e equipamentos complexos, portanto, exigindo mão de obra altamente qualificada. Neste aspecto, podemos comparar uma fábrica de tijolos e uma fábrica de peças plásticas, e uma fábrica de eletrônicos. Ambas para operar têm que dominar tecnologias e ambas operam processos técnico-científicos por meio de técnicas de engenharia em menor ou maior grau. No entanto, há níveis e graus de méritos por concentração tecnológica. Uma forma de medir essa diferença é pelo volume de dados necessário para cada setor existir e operar, mas também pelo valor agregado dos produtos vendidos. Quanto mais complexo for o produto, mais raro, logo, tem maior valor agregado. Embora para injetar uma pequena peça plástica exija todo um conhecimento em engenharia de polímeros, ferramentaria, metalurgia, e processos, não podemos comparar o valor final de uma peça injetada com o valor de um rádio de mesa, como exemplo, que é um produto mais elaborado, com diversos processos e componentes. Cada produto possui um valor agregado dependente da sua complexidade de produção, logo um relógio Suíço feito à mão é uma peça única, portanto, uma joia e têm um valor elevado. Neste trecho iremos apresentar uma pequena lista de empresas de alto nível tecnológico. Com o objetivo de apresentar gargalos da indústria de países que passaram por uma desindustrialização muito severa. Com foco nos equipamentos de litografia, iremos tratar de uma tecnologia ultramoderna, mas que tem suas origens no começo da revolução industrial, por volta de 1855.

Desenvolvida pelo químico francês Alphonse Louis Poitevin precursor da moderna fotolitografia. É o processo e equipamento de litografia que é usado para a produção de microcircuitos eletrônicos e nanocircuitos de primeira geração. Essas máquinas são o coração da produção para produtos modernos como computadores, calculadoras, televisores, e outros aparelhos que usam circuitos integrados, além dos famosos MOSFETS. A litografia trabalha fazendo uso de luz em campos específicos do espectro de luz em nanômetros para produzir os circuitos integrados usados em computadores modernos ou que controlam jatos de guerra, equipamentos laboratoriais automatizados de precisão, e são o coração dos celulares modernos. Os processos utilizados na litografia e complementares são mais conhecidos em inglês, e contemplam os temas que são mais conhecidos pelo termo em inglês, inclusive mais fácil de achar literatura sobre o tema: *sputtering, photomask, etching, resist stripping*. A litografia serve para fazer circuitos integrados, assim como para produção de microcanais para reatores de laboratório e simulações em biologia. Na tabela 2 podemos observar uma lista de principais fabricantes de equipamentos de litografia, fotolitografia e nanolitografia. Equipamentos de laboratório, medição de alta precisão, equipamentos médicos e analíticos. Em geral, desenvolvedores e fabricantes de produtos de alto valor agregado e altíssima tecnologia. Especialmente os equipamentos para manufatura de circuitos integrados que são as máquinas de litografia.

Tabela 2 – Principais fabricantes de máquinas litográficas e controladores dessa ciência.

ITEM	Nome empresa	Tipo de empresa	Fundação	Origem	Site
1	ASML Holding	S/A	1984	Holanda	www.asml.com
2	Fondazione instituto italiano	Pesquisa	N/A	Itália	www.iit.it
3	NIL Technology	Privada	2006	Dinamarca	www.nilt.com
4	IMEC	Privada	1984	Bélgica	www.imec.be
5	Royal College of Surgeons Ireland	N/A	N/A	Irlanda	www.rcsi.com
6	Sculpteo	Privada	2009	França	www.sculpteo.com
7	Polyspectra INC	Privada	2016	USA	www.polyspectra.com
8	Veeco instruments Inc.	S/A	1945	USA	www.veeco.com
9	Lithoz	Privada	2011	Austria	www.lithoz.com
10	Liquidia technologies	S/A	2004	USA	www.liquidia.com
11	Technion Israel institute	N/A	1912	Israel	www.technion.ac.il
12	University of minnesota	N/A	N/A	USA	www.umn.edu

13	Inpria	Private	2009	USA	www.inpria.com
14	Karlsruhe Institute of technology	N/A	N/A	Alemanha	www.imt.kit.edu
15	University of sheffield	University	1905	Inglaterra	www.sheffield.ac.uk
16	Wayland Additive	Private	2019	Inglaterra	www.waylandadditive.com
17	Zyvex Labs LLC	N/A	N/A	USA	www.zyvexlabs.com
18	Argonne National Laboratory	N/A	N/A	USA	www.anl.gov
19	Inpretus	Private	2012	USA	www.inpretus.com
20	Universitetet I Bergen	University	N/A	Noruega	www.uin.no
21	Advantest	S/A	1954	Japão	www.advantest.com
22	Silmeco Aps	Privada	2013	Dinamarca	www.silmeco.com

Fonte: (ventureradar, 2020).

Valendo considerar que essa explanação é apenas a ponta do iceberg, ao qual foi apresentada uma fração da indústria eletrônica de alto nível. Sendo a fotolitografia o processo de impressão usando luz, um dos motores dessa indústria de ponta. A litografia é um processo, e seus diversos equipamentos produzem na dimensão dos nanômetros, entre 7 e 5 nm são os mais comuns. Para a produção de circuitos diversos, microcontroladores, MOSFETS e circuitos integrados modernos. O processo transfere formas de um modelo sobre uma superfície por meio de luz e química, fazendo uso de espectro de luz da física com precisão e exatidão. Portanto, é um processo de nano e microfabricação. Para se aprofundar no tema litografia o ideal é aprender sobre os processos de revelação de fotos, como as fotos filmes Kodak™, e compreender os processos de fotolito de gráficas, assim como revelação em serigrafia, e em especial o processo de litografia antigo (Iha K. et.al, 2020). E com esse conhecimento, estudar a física ótica e o espectro de luz em todas as regiões nanométricas. Com essa base, partir para o estudo das máquinas de litografia modernas, seus componentes, processo e funcionamento e a lógica computacional e de hardwares.

11. Questões industriais

Alguns pontos críticos da indústria de muitos países pousam em assuntos de engenharia com interface tecnológica científica com produção local. Em relação a avanços tecnológicos e científicos em Braga no norte de Portugal há diversos exemplos de polos geradores de alta tecnologia. No Brasil há a UFMG universidade federal de Minas Gerais como os polos de universidades federais de excelência pelo Brasil que geram produção técnica e científica de alto nível. Formando pontos de desenvolvimento de ciência e tecnologia, além de tantos outros centros de geração de ciência pelo Brasil que seria extenso listar todos. E a ampla gama de publicações técnicas e científicas por livros de excelência e revistas. São verdadeiros mantenedores da cultura de manufatura e científica. O que comprova que há qualificação, o que falta é a recomposição do tecido industrial tolhido por décadas e a valorização de pessoas do ramo produtivo e científico, tanto do setor público quanto privado. A seguir uma pequena demonstração de gargalos nos sistemas de produção da maioria dos países. É compreensível que no mínimo esses conhecimentos sejam popularizados até mesmo nos sistemas de produção de pequeno porte.

Demonstrativo de oito gargalos da indústria de muitos países em desenvolvimento:

1º Como gerar polos industriais próximos a cidades densas para gerar diversificação econômica, empregos e dinamismo produtivo? Com desapropriações de espaço, políticas de incentivos às empresas, combate justo a especulação intensa, incentivos fiscais a negócios verdes e inovadores, com capacidade de geração de ofertas com alto valor agregado e empregos. Assim como tecnologias de negócios produtivos industriais em novas economias.

2º Como gerar uma indústria de veículos nacional? Começaria pelo esboço de um veículo com adaptações nacionais, seguindo o gosto moderno e tecnologias atuais elétricas e outras fontes ditas mais ecológicas. Em uma oficina automotiva simples como serralheria e centro de usinagem. Fazendo uso de design de produtos e industrial é possível construir modelos viáveis. Partindo desse ponto inicial, gerar um modelo, ir construindo e realizando testes de campo. Após os testes realizando brainstorm, avaliações técnicas, absorver as críticas e eliminar esses pontos de atrito com tecnologia e design de produto, melhorando sempre o produto. Após esse protótipo, com produção enxuta customizada e econômica, gerar outro protótipo para aprovação final. Com o protótipo final positivamente aprovado, gerar a produção de pelo menos cem unidades para teste de mercado. Em seguida, esperar o feedback dos consumidores e crítica especializada. E partir para um modelo ainda mais moderno, sempre eliminando os pontos de atrito e críticas, absorvendo avaliações, feedback e brainstorm de forma positiva e técnica. Fazendo uso dos recursos das primeiras unidades, melhorar o produto, modernizar e aperfeiçoar a produção. Nada gigantesco, mas personalizado, lento, com engenharia mecânica precisa, tecnologia e design de produtos de alto nível. Sempre buscando sair de uma empresa puramente mecânica para geração de tecnologia, design e alto valor, com peças nacionais de tecnologia própria.

3º Como popularizar complexos processos de produção para incentivar a abertura e surgimento de novos negócios produtivos? Começaria com um desafio, escolher um produto no qual o mercado esteja dominado por importados. Com maestria, aos poucos estudar métodos, processos e tecnologia para que haja a substituição. Após realizado, usar o modelo para incentivar o empreendedor a fazer mais e mais com ousadia.

4º A dependência pela falta de domínio dos processos de fotolitografia pode ser resolvida? No país há pessoas especializadas em gráfica, serigrafia, laboratórios físico-químicos e revelação de fotos. A fotolitografia é a gravação usando luz no escopo nanométrico. Rapidamente teríamos pessoas operando com maestria essas máquinas. O problema não é operar essas máquinas, e sim o projeto do produto gerado. A questão é a arquitetura dos circuitos integrados, gerar arquiteturas complexas e competitivas é algo realmente desafiador. São milhões de trilhas em uma matriz lógica e funcional no qual qualquer erro pode danificar todo o produto, assim como não funcionar adequadamente. A ideia é até simples, uma trilha do circuito irá ligar o Led modelo "x", e.g., de cor azul, o próximo circuito terá a função de energizar o componente eletreto, mas se a outra trilha for acionada, este deve ser desligado. Como se observa há toda uma lógica ramificada para as trilhas de circuito em muitos casos se interrelacionam com as outras, incluindo um meio de economizar material e energia, seguindo toda uma matriz de milhões ou bilhões de circuitos. Após a arquitetura há a tecnologia de processo fabril que considera o projeto de deposição catódica / *sputtering* para a produção dos LCDs e diversas outras tecnologias que muitos países não dominam.

5º Como se dá um projeto de nanosensor e eletrônica? Em meados de 2014 o autor realizou uma pesquisa amadora e teórica para criação de nanosensor para detecção de anticorpos, e servindo também para detecção de vírus e bactérias contidos em poeiras do ambiente. Um nanosensor com malha nanométrica para a detecção de micro e nanopartículas. Essa malha conectada com interface em sistema eletrônico para indicar quando houver fechamento no circuito devido à presença de alguma partícula alvo, com ativadores específicos. (Lima, 2014). Esta é uma exemplificação de que em países em desenvolvimento pode ser desenvolvida tecnologia de ponta. Embora o projeto tenha sido puramente acadêmico, nada o impediria de se tornar produto comercial.

6º Seria possível o surgimento de produtores de máquinas litográficas nacionais? Projetos de arquitetura de circuitos integrados são o topo da indústria mundial, suportados pelas máquinas, equipamentos e processos baseados em litografia. Ao observarmos uma máquina copiadora de escritórios, podemos dizer que estamos diante de uma tecnologia de ponta de alto nível, apesar de ser tão popularizada, e por este motivo poucas pessoas lhe conferem o valor devido. Mas, essas máquinas têm alguma coisa em comum com as máquinas de litografia, em grau de complexidade e quantidade de componentes, e ambas fazendo uso de luz para gravação e cópia das matrizes, servindo como parâmetro essas máquinas complexas.

7º Como gerar negócios da economia verde com alto valor agregado? Uma sugestão seria o incentivo de fábricas de celulose mais próximas possível de grandes cidades, através de desapropriações. Nada seria tão justo em razão de equilíbrio econômico, ambiental e diversificação econômica do que florestas próximas a cidades para produção de celulose e ao mesmo tempo levando conforto térmico as cidades e ajustes do clima como o sequestro de gases. Outro exemplo refere-se a colocar em prática teorias ecológicas acadêmicas que têm potencial ecológico e econômico.

Através desses pequenos exemplos foram apresentados alguns gargalos que muitos países têm em relação ao seu tecido industrial. Ao mesmo tempo em que se pode notar que não é algo impossível de ser realizado. Na atualidade não é possível inserir produtos com alto valor agregado na economia mundial sem o domínio das novas ciências e uma malha de produção competitiva. Inserir produtos na economia mundial está se tornando cada dia mais difícil, não basta o padrão de ideia, projeto, processo e produto, com alguma inovação. O caso envolve alto nível competitivo, tecnologia de produção de ponta automatizada em alta velocidade, capacidade de controle de matérias-primas, e academicamente um exército de pessoas trabalhando integralmente para traduzir ciência abstrata em tecnologias para o mercado. A concorrência é acirrada, em alguns casos, injusta e desleal. Vemos centros populares de venda no atacado dominados por produtos do outro lado do mundo. Com a econômica estagnada e políticas liberais por décadas o desemprego igualmente só aumentando por décadas ou na estagnação, precisamos pensar se ficaremos vendo a amargura dessa situação ou se iremos adotar a solução que é a reindustrialização. Tempos atrás, circulou em alguns países, inclusive no Brasil, uma proposta de criação de um cartão ou vale cultura com valor simbólico. O vale seria exclusivo para consumo de produtos ligados à cultura, como a compra de livros, revistas em bancas de jornal e conveniência, e demais produtos ligados à cultura. Infelizmente, esse projeto não saiu no papel no caso do Brasil. Seria um ótimo incentivo à cultura do país. A cultura, publicações e incentivos midiáticos à leitura são fundamentais para a qualificação das pessoas. Esses exemplos são ótimos para que possamos refletir sobre o assunto. Outro ponto importante sobre a reindustrialização está no conceito de disponibilidade de ambientes agregadores, viáveis e inclusive com sistemas de incubação para novas indústrias em sua formação. Este seria um ambiente básico para o complexo processo de traduzir ciência abstrata em tecnologia para o mercado, um tema complicado e que no caso das ciências, na maioria dos casos só pode ser realizado com o progresso através da ciência industrial com investimento e o poder do estado.

Diante de tantas questões e possibilidades, a indústria nacional ao invés de tentar abraçar o mundo, poderia começar por programas de substituição de importados nos centros populares de venda no atacado. Se lá há concorrência desleal, o desafio é alcançar tecnologias e processos capazes de competir operando em margens esmagadas. Este desafio é tão amplo quanto tentar operar em mercados de tecnologia de ponta. E uma ação que merece um bordão é a reindustrialização que pode operar do topo ou de baixo, mas operar para dominar o mercado. Ou seja, a indústria pode dominar a economia de produtos simples, ou produtos de ponta de alto nível e complexidade tecnológica. O ideal é que em ambos os casos haja investimentos, porque o que é importante é a diversificação. Apenas para exemplificar um dos setores industriais, o Brasil ainda tem uma malha manufatureira têxtil considerável, setor produtor de algodão no campo e indústrias sintéticas, junto a um mercado consumidor expressivo. E o gigantesco mercado norte-americano dominado por produtos têxteis da Ásia, especialmente as roupas de baixo custo. Para os pessimistas e liberais, o mercado foi atendido pelos mais competentes, e ponto final e caso encerrado. Para os bons industriais que são os verdadeiros trabalhadores estão neste mercado um filão enorme a ser conquistado desbancando a Ásia. Só por este pequeno exemplo, observamos que temos uma rota para uma nova campeã nacional têxtil, como uma multinacional do setor de produtos têxteis populares para atendimento global. E tantas outras indústrias que temos vantagens competitivas industriais e tudo para tornar essas vantagens em milhões de empregos nacionalmente.

12. A importância da indústria do luxo

A indústria do luxo é uma das que geram mais empregos de qualidade no mundo, e uma das que mais desenvolvem novos processos, tecnologias e são companhias que impulsionam outras empresas. Não são apenas empresas que se sustentam, são cadeias produtivas que se formam com artesãos artistas manufatureiros de produção com alto valor agregado, e.g., indústrias de carro de luxo, vestuário, relógios e perfumaria. Compreenda o luxo como ostentação, magnificência, ornamento, superfluidade, esplendor, ou seja, produtos e serviços de forma que a pessoa se sinta bem, e diferente se destacando na multidão, com valor agregado perante as demais. Em diversas tribos pelo mundo também há a busca por ostentação, para que a pessoa se destaque entre os demais. O luxo é uma forma para se destacar na multidão, está longe da concentração de renda. As pessoas não podem e não devem confundir o luxo com a concentração de renda. O luxo, pelo contrário, gera empregos, a concentração de renda passiva é outro fato que não gera produção. A indústria do luxo por ser parte vital da produção e da manufatura é importante, gera empregos e possui um lugar de destaque.

Caracteriza-se pela produção exclusiva de itens raros, sempre usando matéria-prima de alta qualidade, acabamento até mesmo abaixo dos milímetros, normalmente manufaturados com uma mistura de artesanato artístico com tecnologia industrial fina. São produtos e serviços feitos para o público de classe financeira alta. A importância da indústria do luxo é enorme em qualquer economia do mundo. Só o fato de ter a sua presença já indica e é sinal de uma economia local mais diversificada, saudável e que há na região pessoas da classe A com alto poder aquisitivo, ou seja, diversidade de negócios. Logo, um ótimo sinal de que a economia no local está bem. Mesmo havendo altos índices de pobreza próximos, a não existência de indústrias de luxo é pior. Os indicativos e consequências de sua inexistência são essenciais para a economia. A não existência da indústria do luxo, mesmo que seja apenas revenda, é um péssimo sinal. Indica que não há pessoas de classe alta na região, certamente a violência na região é maior, e não há ambiente para surgirem novas indústrias para atender a classe alta, portanto, haverá menos empresas e menos empregos, consequentemente, mais pobreza. Isso sem contemplar a especialização de alto nível, como os engenheiros artesãos que produzem relógios artísticos, verdadeiras joias das técnicas, ciência e mente humana, assim como carros de luxo em cada detalhe é um toque de arte, joias e pedras preciosas trabalhadas em cada micrometro, vestuário de alta grife e luxo, ambientes de luxo como restaurantes, hotéis e serviços. Logo, toda essa conjuntura forma a indústria do luxo que é baseada na ciência do luxo, e considere que há inclusive cursos e universidades especializadas na indústria do luxo. A engenharia do luxo é também parte desta indústria de bons empregos. A engenharia é uma disciplina que busca a segurança, a inovação e a geração de produtos, no caso da engenharia do luxo, essa engenharia envolve inclusive o design industrial junto às técnicas da engenharia para a produção de produtos sofisticados para atender a classe alta. Seja um veículo de luxo a uma peça de móvel de alta precisão dimensional ou um item complexo. Do design à segurança e o acabamento de alta precisão deve estar no limiar da perfeição absoluta, refletindo ótima aparência o luxo e a qualidade máxima para atender esse público disposto a pagar por esses serviços.

Quando falamos em indústria do luxo o que vem à mente imediatamente são marcas de carros luxuosos como Ferrari, Rolls Royce, roupas com a Channel, Rolex, Cartier, Gucci, Calvin Klein, Valentino, Land Rover, BMW, Boss, Mont Blanc, Lamborghini, Bentley, Versace, Louis Vuitton, Lacoste, e tantas outras. Mas, qual é a razão de um produto não ser de luxo, e sem uma marca famosa? Por exemplo, um produto feito em uma microfábrica, mas com altíssima qualidade e até mesmo tecnologia. Uma pintura, por exemplo, pode trazer o aspecto de alto luxo, e.g., com pintura candy em metal, ou acabamento em micrometros. A França em toda sua história priorizou a indústria do luxo, especificamente no nicho de modas, perfumaria e lojas do ramo. Na atualidade, até uma universidade especializada no luxo com curso de alto nível foi montada, a Paris School of Luxury ou Ľécole du luxe. Como podemos observar, a indústria do luxo gera empregos até no setor educacional.

A indústria do luxo compreende o setor têxtil, automotivo, joalheiro, mecânica de alta precisão, calçadista, imóveis, decorações e tantos outros. Observando que há uma forte tendência que está fundindo com mais intensidade projetos de produtos de alto luxo com ciência e tecnologia de ponta. Esses setores poderiam empregar muito mais se não fosse tão taxado, desmotivado e em alguns casos até mesmo perseguido, como foi o caso trágico da empresa Daslu [1] em São Paulo. Em países pobres especialmente a indústria do luxo é vista com maus olhos, como um setor de ostentação desnecessária e exibicionismo. Mas, essa indústria é tão importante quanto qualquer outra. É uma das que gera muitos empregos, criam ambientes de luxo e deixam as cidades mais bonitas. Toda cidade deveria prezar por suas indústrias de luxo, e as incentivar. Há países como o Brasil que criam impostos mais caros para esse setor, cobrando mais em cima de produtos ao invés de incentivar esse setor, que inclusive deixa as cidades bonitas e atraem turistas, ou seja, mais hotéis e infraestrutura no entorno para gerar mais empregos e mais oportunidades para todos. E essas novas pessoas que estarão ocupadas irão consumir e gerar outros empregos em outros locais. Portanto, o luxo não é ofensa em um país pobre, ao contrário, é a oportunidade de empregos e é um setor que precisa ser incentivado. Vamos considerar também que o luxo existe em vários níveis, de baixo, médio e alto custo, portanto, é uma indústria para todos, e.g., uma pessoa pobre ao conseguir uma renda pode comprar um perfume de luxo com o tempo se quiser. Em Limeira no interior do estado de São Paulo, a cidade gerou diversos polos de produção especializados em bijuterias e joias, inclusive gerando exportações em volumes de milhões, um setor que não deixa de ser uma indústria de luxo que emprega pessoas e gera renda e empregos, embora tenha faltado qualificação para o descarte correto de resíduos, segundo a imprensa, em casos bem pontuais foram lançados em cursos de água.

Conforme se nota, há espaço e mercado para a indústria do luxo e qualquer cidade através de seus cidadãos pode se especializar na manufatura de algum item e o desenvolver gerando empresas, emprego e renda, logo há espaço e mercado, inclusive para exportação pelos ótimos vendedores que há no mercado. As possibilidades existem e estão disponíveis, mas para isso é preciso despertar o interesse das pessoas em aprender e ao menos tentar ou sonhar em iniciar uma manufatura de relógios, alfaiataria de luxo, indústria de artigos de luxo, e tantas outras opções, mas sem a técnica e a especialização que vem com a prática e tendo em mente que poderá enfrentar concorrências desleais, esta é a realidade, o que não podemos é ficar estagnados.

13. Diversidade em atividades econômicas

As atividades econômicas de um país são melhores observadas regionalmente em microrregiões, especialmente verificando as ações econômicas dos indivíduos, as relações de trocas e de negócios. Compreenda como atuação econômica, a atividade comercial que gera algum recurso ou riqueza, essa atividade é exercida por pessoas, que se baseia em uma das divisões econômicas como: economia primária, secundária, terciária, quaternária, nova economia e economia criativa.

Dessa forma, podemos incluir ainda classificações como a extração, transformação, distribuição de recursos naturais, além de bens e serviços. São relações de trocas voluntárias com a finalidade de satisfazer necessidades humanas, seja pela aquisição de um bem ou serviço em troca de um valor.

As atividades econômicas pela economia são simplesmente a primária, secundária, terciária, quaternária, nova economia e economia criativa. No entanto, essa classificação é mais para classificar a macroeconomia. Refinando essa classificação a lista é enorme e envolve mais de mil atividades. Algo que se pode comprovar ao observarmos que cada pessoa possui uma habilidade nata ou adquirida. Logo, quanto mais diversificação mais habilidades disponíveis para uma ocupação fortalecendo a economia. Países que ousaram apostar todas suas fichas no petróleo tiveram trágicos resultados econômicos, mas os países que diversificaram a economia colheram frutos por décadas. Há pessoas que fazem determinados cursos, e nada conseguem ou vivem a reclamar e que não nasceram para a profissão, até que tomam atitude e mudam de profissão se encontrando junto as suas habilidades. Portanto, diversificar a economia é parte natural da economia, das pessoas e da sociedade. Diversificar a economia é a chave para termos mais oportunidades. É recomendado que o leitor conheça a lista de CNAEs (Classificação Nacional de Atividades Econômicas), muito usada pelos contadores na hora de abrir empresas. É importante ter em mente esse básico sobre a economia e geopolítica. As atividades econômicas são um jogo de poder entre países. Determinados países não querem que outros atuem em determinadas atividades, e assim como em um acordo cego parece que isso ocorre. Por exemplo, a Ásia atuando na produção de circuitos eletrônicos, CI e componentes, os EUA e Europa produzindo a arquitetura de circuitos eletrônicos, já países como América Latina, Oceania e África ficam fora desse jogo. Não é apenas questão de complexidade, há todo um jogo geopolítico envolvido que não é assunto também para este livro. Quantas oportunidades ainda podem ter em cada setor? Na nova economia, na economia quaternária, na colaboração ecológica, na economia colaborativa, na economia criativa? Mas, como em tudo, nada é tão simples. Há as questões estruturais e concentradores de renda extrema. São megacorporações que trabalham para aglutinar setores inteiros. Devagarinho, constante e intermitentemente as grandes corporações vão corrompendo, destruindo e engolindo os pequenos nichos de negócios, e aglutinando os mesmos, algo natural em negócios ultraespecializados. Mas, também há casos muitas vezes se disfarçando de empresas do livre comércio, mas não passam de oligarquias de concentração de renda. Na década de 60 segundo associações de gráficas e imprensa locais, no Brasil havia aproximadamente mais de 85 mil tipos de jornais impressos especializados para atender diversos nichos e grupos, um ambiente setorial diversificado, e todos eram empresas e geravam empregos em gráficas e editoras. A lista telefônica se foi, estão querendo acabar até com o emprego dos motoristas e centenas de outros, podemos estudar isso pelo ponto de vista negativo ou positivo. Se esses empregos ditos de baixa qualificação acabarão, e essas pessoas permanecerão, os poderes lhes devem qualificar para novas funções, e novas funções devem ser criadas. E ao que as ciências indicam oportunidades é o que não falta para novas empresas. E onde está o limite de onde mora o progresso e onde está a plena concentração de renda, é outra questão interessante. E ainda entra a variável da economia compartilhada ao qual pretendem remover o direito de posse das pessoas, ao menos é o que se lê sobre o assunto em tese, e as novas tecnologias de automação, ou seja, virtualizarem a produção, e a virtualização do dinheiro removendo o direito de posse das pessoas.

Diante desses fatos, podemos considerar que as atividades econômicas em sua alta quantidade, variedade, disponibilidade, possibilidade e diversidade para todos os gostos são oportunidades sem limites a serem exploradas e renovadas a todo momento. Quanto mais diversificação econômica melhor. Atividades que eram exploradas nos anos 1700 na atualidade podem perfeitamente ser exploradas com inovação e perspicácia, bastando adaptar as coisas aos nossos tempos. A economia é um organismo vivo que está a todo momento em metamorfose, mas sempre mantendo suas bases. Conforme a tabela 3 podemos notar um exemplo do quanto a economia é dinâmica. Além dos segmentos econômicos poderíamos ainda citar a economia compartilhada, que poderia perfeitamente se enquadrar no segmento terciário de serviços. A economia baseada em alta tecnologia e P&D que poderia se enquadrar na nova economia.

Tabela 3 – Modelos econômicos atuais

Economia	Descrição Resumida	Importância	Valor para o país
Primária	Agraria, extração e mineração	Elevada	Alto
Secundária	Transformação e manufatura	Elevada	Altíssimo
Terciária	Serviços e comércio	Elevada	Alto
Quaternária	Negócios digitais e tecnológicos	Elevada	Altíssimo
Nova economia	Negócios disruptivos	Elevada	Altíssimo

Descrição básica global do leque econômico atual se estendendo por novas malhas de atividades econômicas.
Fonte: criação do autor.

Segundo avaliações sobre a economia interna pelo Governo Norte-Americano, foi contabilizado que só os produtos desenvolvidos baseados em ciência quântica, em empresas nacionais, representam algo ao redor de 18% do PIB trilionário do país. Esses produtos vão de equipamentos médicos de imagem, radares, GPS e equipamentos laboratoriais. O que confere que o investimento em ciência traz resultados promissores. É outro assunto complexo, mas vamos focar no detalhe de que quanto mais diversidade econômica mais oportunidades, mais negócios, mais empresas podem ser gerados, logo, mais empregos e mais pessoas prósperas. A alta concorrência é algo que tende a se intensificar, a concentração de renda acompanhando o desemprego aumentando, mas como combater essa realidade? Trechos assim estão repletos de contradições ou necessitam de ajustes certamente.

Há muitas tecnologias que são boas, e surgem para o bem de todos. Seguindo a tendência e qualificação de cada local, usar os pontos fortes para atrair negócios intermediários. Por exemplo, uma cidade que tenha o café como forte da cidade, ao redor desse setor naturalmente toda uma indústria de serviços é montada, como pousadas, museus, áreas de degustação, comércio de café, fábrica de sacos e embalagens para cafés. Mas, como seria possível ir além? Isso é a diversificação econômica, e se houver um ponto central que verifique isso, ou um grupo ou profissão que saia caçando nas cidades oportunidades para apresentar a investidores. A ideia básica é a geração de uma massa especializada em criar diversificação econômica massiva, junto a ações do estado investindo nestes locais já se desenvolvendo com diversidade econômica intensa, e.g., a cidade se especializou e criou tudo ao redor do café, mas terá também óticas, sorveterias, restaurantes, lanchonetes, supermercados, fábricas, e consequentemente, como a cereja do bolo o estado implanta com os impostos ganhos ao menos uma universidade de ponta e cursos técnicos que se especializarão neste ramo de café com intenção de gerar empresas e laboratórios científicos de geração de produtos para exportação e polos industriais. Neste caso, o que impediria no local o surgimento de uma farmacêutica baseada em cafeína, como carro chefe o café, e desta base diversificar ainda mais, e essa trazendo mais indústrias, como embalagens e mais empregos. Gerando assim ainda mais empregos e prosperidade.

14. Como gerar renda em áreas desprovidas de empresas

Para que uma economia esteja bem e plenamente funcionando é preciso que todos os setores econômicos estejam atuando livremente e com toda sua potência. Para isso em primeiro lugar é necessário um equilíbrio econômico por diversificação de negócios nas cidades, com espaço para economia primária, secundária, terciária e novas economias. Com especial atenção à economia industrial que é a base mestra de qualquer economia. A desconformidade nessa balança desequilibra a sintonia fina econômica produtiva industrial e é responsável pelo desemprego. O desempregado da indústria inexistente não irá mais comprar no comércio, o comércio não terá renda, e um de seus funcionários não irão comprar um determinado serviço. É como uma queda de dominós em sequência. Acabar com a pobreza começa com a criação de oportunidades, e as melhores oportunidades são empregos. Promover a geração de empresas e capacitação é apenas parte da tarefa para ao menos reduzir as desigualdades. No entanto, uma questão ainda mais importante, embora um tanto difícil, é a busca pelo equilíbrio das cidades, reservando espaços para empresas e menos especulação do espaço. Esse equilíbrio nas cidades, sejam pequenas ou grandes, é apenas a base para a aplicação de políticas de incentivo a geração de empresas, que irão resultar em empregos e redução das desigualdades. O desemprego em massa é algo severo e grave, um pesar social cataclísmico e que afeta muitas pessoas, o fato de famílias ficarem no desemprego abala não apenas o seu emocional, mas a saúde em geral e convívio social. Isso quando são casos esporádicos e localizados, mas quando o caso é geral, com muitas pessoas, como em uma cidade ou país o caso se apresenta como desemprego em massa. Criar meios para que ocorram desdobramentos econômicos é um passo que envolve a macroeconomia, no geral, incentivos, cursos, promoções e espaços para geração de empregos são a base para o despertar da ação e criatividade das pessoas empreenderem e empresas já existentes inovar.

O Nobel de economia de 2020 foi concedido a dois Norte-Americanos que criaram décadas atrás formas inovadoras de venda e negociação de coisas complexas, através de leilões. No momento, pode ser algo trivial, mas foi uma inovação enorme no mundo comercial. E isso prova que não estamos no limite na questão comercial. Por meios disruptivos ainda há muito espaço para inovação e geração de formas de negócios inovadores, negociação e regras de negócios ainda não existentes. Por este motivo há um capítulo neste livro sobre os caçadores de demanda. Produzir demanda e não apenas oferta é como uma profissão que mereceria ser remunerada em algum arranjo. Vendas e negócios possuem ainda muito espaço para inovação, como exemplo, além da venda aleatória e por sorte ou ocasião, há os robôs que caçam pela subjetividade e movimentos das pessoas na Internet, possíveis interessados. No entanto, isso não é o limite, ainda há mais espaço para inovação. Muito além da câmera de identificação facial que pega pessoas olhando algum produto ou anúncio nas ruas e em seguida está em toda parte ofertas para essas pessoas, este produto sendo oferecido por toda a Internet e sistemas de comunicação, como em diversos estudos sobre usos na publicidade com reconhecimento facial relatam. Como se pode observar, ainda há espaço para inovação no ramo comercial. O advento dos leilões é um exemplo de que poderá haver novos modelos comerciais. Não seria interessante alocar alguma ideia aqui, mas não duvidem da criatividade humana. Infelizmente, no caso do Brasil após várias décadas sociais e econômicas perdidas, o caos se tornou agravado com a desindustrialização. Um país de economia informal, não sendo ruim, por ser uma opção de sobrevivência, mas não é algo normal ou que deveria ser a opção principal.

Mas, como gerar renda em áreas que aparentemente são improdutivas e ou não há vocação para algumas finalidades. Apenas como um exemplo, se fosse lançado um brainstorm nacional com temas, mesmo polêmicos, absurdos ou impensáveis, estes poderiam gerar resultados se colocados em prática, tudo organizado e legalizado. Como já informado na introdução, esta obra não considerou limites para a geração de empregos em volume, buscando colocar todas as cartas possíveis na mesa. O desemprego é uma praga dos novos tempos e pode matar, a miséria pode causar a destruição de famílias, crianças crescendo com problemas sociais, e trabalhadores com problemas psicológicos e sociais. Há meios políticos, técnicos, por engenharia e ciência inclusive que podem ao menos reduzir e muito essas desigualdades e trazer mais equilíbrio as cidades, com mais empresas e empregos.

15. Dispensados pelo excesso de contingente

Quem já tentou se alistar no exército, como no Brasil em sua maioria recebeu a mensagem junto a um carimbo, com a justificativa e a causa da dispensa. Algo como a pessoa foi dispensada pelo excesso de contingente. É referente a um exemplo tão claro e simples como este que podemos verificar, como reflexão, a atual situação das cidades pelo mundo, e principalmente no país como o Brasil, que mantém um constante e persistente desemprego intermitente há décadas seguidas. Sim, há um desequilíbrio entre o suporte das cidades pequenas, médias e grandes e o contingente de pessoas devido à economia fraca, pouca diversidade de negócios e poucas empresas, especialmente indústrias. E manter um equilíbrio mínimo seria função dos administradores da cidade que jamais tiveram essa competência. Há uma frase de Mario Quintana, muito famosa, que remete a essa ideia. Não querendo julgar o sentido real da frase, mas pode-se refletir que quantidade não é qualidade e que os excessos removem o toque da graça, algo como dar atenção às pessoas, aos indivíduos e as suas necessidades e a qualidade de vida em detrimento a especulações do espaço.

"*Sempre me senti isolado nessas reuniões sociais: o excesso de gente impede de ver as pessoas...*" Mario Quintana

Nas grandes metrópoles pelo mundo observamos multidões aglomeradas e pouca qualidade de vida, ao qual sem uma malha produtiva e uma interação os negócios deixam de ser realizados. Embora, mesmo com todas as adversidades muitos são realizados, porque houve as conexões e equilíbrios precisos, provando o dinamismo dos negócios que só precisam de um apoio, o espaço e o ambiente para acontecer. E sobre a ciência desse equilíbrio que essa obra tenta discutir e convidar o leitor a encontrar soluções. Onde estariam esses pontos que permitem a viabilidade de negócios, e se haveria um meio no qual o máximo de pessoas tenha uma ocupação. Devido a esse pensamento a obra se baseou no exército, em algo como o descontrole ou desequilíbrio localizados, que formam excessos de contingentes e de mão de obra, assim como deslocamentos desnecessários. Não difere como ocorre no alistamento do exército, com o chamado excesso de contingente, o mesmo também ocorre no mercado de trabalho, infelizmente, não é fácil haver o equilíbrio entre oferta e demanda entre trabalho versus mão de obra. Muitas pessoas confundem isso com falta de qualificação, mas passa longe de ser esse o problema. A tendência é enorme por haver cada vez menos trabalho e mais concentração de renda. Neste sentido, essa obra tenta aguçar pensamentos pela busca por empregos em volume. No entanto, entra-se em uma contradição, os trabalhos que irão surgir e já tendem a solicitar cada vez mais tecnologias, lógica e ciência como qualificação. Mas, se todos tiverem a tal qualificação o problema estaria resolvido? Óbvio que não, neste caso cair-se-ia novamente na dispensa por excesso de contingente. Há um equilíbrio, uma sintonia muito fina no mercado em relação a isso, que não é nada fácil explicar em palavras simples, mas a solução mais rápida e eficiente é a diversificação massiva de negócios. Principalmente, industrialização em massa a ponto de desapropriar áreas para implantar parques industriais para ajudar a equilibrar localmente economias, e como resultado eliminar o desemprego. Para apontar e aprofundar o tema seria necessário envolver políticas, programas de planejamento familiar, história, pobreza, concentração de renda, temas que não são o objetivo desse estudo. A ideia do livro é apresentar os problemas do desemprego e também apresentar sugestões possíveis pela importância do investimento em ciência e industrialização, ideias, possibilidades, mesmo que abstratas inicialmente, e a necessidade da criação de métodos para geração de diversificação de negócios para geração de empregos em grande quantidade.

Em tudo na economia há índices para medição, e mesmo fora da economia, basta ver as medições diárias de temperatura. Tudo monitorado, mas infelizmente não foi identificado, ao menos de forma aberta, uma medição para medir a equalização de oferta e demanda do mercado de trabalho satisfatória. A ideia é gerar meios que apresente de forma clara e evidente métodos e soluções possíveis às distorções entre oferta e demanda por empregos e a falta de diversificação de negócios. Com indicativos para distorções em uma das atividades econômicas, e.g., em locais com saturamento de comércio, incentivar microindústrias, indústrias e outros ramos de negócios. Além de correções possíveis, para amortecer e balancear a quantidade de empresas versus o poder e saúde econômica da cidade pela quantidade potencial de gerar novas empresas e empregos, incluindo ainda a qualidade dos empregos. A matemática envolvida neste caso seria baseada em equalização de quantidades, para se chegar a pontos de equilíbrio, e à medida que algum indicador sairia desse equilíbrio os indicadores alertariam sinais de atenção. Algo a nível tão simples quanto pensar em soluções encontradas por administradores de cozinhas. Por exemplo, se há na dispensa apenas vinte laranjas, e há mais de 250 pessoas que gostariam de receber um suco de laranja, como solucionar tal disparate? Falar em fazer um bolo ou torta de laranja é simples, mas sabemos que há toda uma gama de outras questões e soluções. Por este motivo, explicar a necessidade de um método a ações para monitorar e corrigir o ponto de equilíbrio e desequilíbrio na oferta e demanda por empregos é uma necessidade possível para corrigir isso.

A necessidade perene está na criação de um monitoramento mais completo, entre oferta e demanda, para que indique o quanto cada local amplia os seus excessos, e.g., um ranking que apresenta o consumo da água e o seu uso em excesso, como exemplo o índice: *the national water stress ranking reports*. Este acende um alarme quando há o excesso de uso de água e os reservatórios não irão suprir a demanda. Só pelo indicador da água nos faz pensar e refletir, em quantos setores não seriam bem-vindos esses indicadores? E quanto um indicador nos faz pensar e realmente refletir sobre o caso. Seria as pessoas que estão consumindo água demais ou a administração de determinada cidade que não administrou corretamente o caso, talvez permitindo adentrar no local grandes contingentes sem planejamento algum. Algo básico em administração de cidade, urbanismo adequado e respeito humano que aparentemente foi menosprezado pela maioria das administrações de grandes cidades pelo mundo.

Imaginemos um indicador preciso que acompanhe o rombo da desindustrialização e a falta de investimento neste setor. Quantas causas há e quantas doenças de cidade poderiam ser minimizadas com indicadores mais claros é algo a ser pensado. E sobre especulação do espaço e financeira sem limites resultam em alguns casos a falta de empresas a atender as pessoas, por falhas na macroeconomia e a falta de diversidade econômica, junto a uma alta concentração de renda, objetiva um claro desequilíbrio geral. É esta também a razão ao título da obra, usada alegoricamente para chamar a atenção de todos sobre o problema do desemprego, que pela frase usada pelo exército se encaixar como uma luva para explicar, em parte, esses disparates: "*dispensado pelo excesso de contingente*". Em muitos casos de nossas vidas de fato somos dispensados por este motivo, seja empreendendo, a sua empresa poderá ser dispensada pelos clientes por este motivo, assim como na busca por empregos, e até em alguns casos da vida. Isso porque o que regula tudo é a lei universal de ofertas e demandas. É esse o problema que ocorre em algumas cidades com problemas graves sociais e em parte a razão do desemprego em massa pelo desequilíbrio fruto de economia fraca, falta de diversidade econômica e desindustrialização, portanto, o equilíbrio é tudo. O excesso de contingente de trabalhadores em locais de economia fraca, sem incentivos produtivos, à própria sorte, desindustrializada e piorada pelos erros econômicos e políticos da macroeconomia.

Na disciplina de urbanismo há a matéria de estudo focada na saúde das cidades e em sua organização e qualidade. Em palavras claras, claro é certo que políticas tomaram a cena e especialistas técnicos foram excluídos. Na mídia temos a impressão de que a política tomou toda a cena, não há equilíbrio sobre assuntos ou temas, tudo é politicagem. Especialistas técnicos de verdade aparentemente foram excluídos, entenda o técnico como os paisagistas, urbanistas, engenheiros de cidades, biólogos, ecologistas, industriários e tantos outros, simplesmente deixaram-nos no desemprego, dando lugar para os políticos e a encrenca entre estes. O restante simplesmente não tem espaço e nem palco.

A incluir o descontrole e desequilíbrio pela falta completa de projetos, algumas cidades construídas sem nenhum planejamento. Inclusive no urbanismo há o termo chamado conurbação que é uma doença de cidade. A conurbação é um crescimento descontrolado das cidades causada pela omissão dos políticos e a especulação do espaço, junto a falta de planejamento completa. Um crescimento a ponto de ocupar todo o espaço da cidade, ao ponto de unir grandes cidades com as próximas cidades, tornando a cidade em uma metrópole, megalópole e assim por diante, ou seja, um caos. Obviamente é algo que acaba com o conforto das cidades e causa toda sorte de problemas sociais, pobreza, desindustrialização, concorrência desleal e consequentemente o desemprego em massa, sem contar os danos ambientais irreversíveis. É uma situação na qual apenas especuladores, latifundiários, patrimonialistas, banqueiros, concentradores de renda, somente estes ganham, e todos nós, o resto da população, paga a conta com falta de qualidade de vida, perda ambiental, falta de empregos e perda de diversidade econômica.

16. Barcos negócio e negócios offshore

O mar é um local de enorme potencial para negócios inovadores, não é como querer inventar a roda e dizer para abrir hotéis flutuantes, condomínios residenciais, parques de energia, fazendas de alimentos como algas comestíveis, indústrias de processos de reação biológicas dentro do mar. Sobre condomínios flutuantes ou fixos no mar, devemos pensar que já existem os cruzeiros que exploram esse ramo, que são verdadeiros hotéis flutuantes, assim como as extrações de minérios e o setor pesqueiro, locações de veleiros e outros setores. Tudo é uma questão de se pensar esses modelos de negócios e tantos outros que poderiam ser criados. A intenção neste ponto é demonstrar que com criatividade humana as atividades no mar ou offshore não têm limites, ainda há muito potencial de baixo a alto custo. Bastaria um brainstorm e a colocação em prática de milhares de conceitos acadêmicos e os transformar em tecnologias e diversas demandas poderiam surgir para novos negócios dentro do mar. O alto potencial do setor náutico pouco explorado e a sua maior popularização seria um pequeno exemplo. Há as tecnologias como vistas no Japão de fazendas dentro do mar para a criação de ostras e algumas espécies de peixes para a indústria de enlatados. Evitando pesca predatória na natureza. Ainda assim, poderíamos dizer que seria algo como inventar a roda. Mas, a quem conhece a criatividade humana saberia perfeitamente que não há limites para novas tecnologias, ideias para negócios e exploração do mar para negócios e geração de empregos.

Não faltam opções para gerar novas empresas no mar, até mesmo campeonatos de empresas ou de universidades e escolas no mar. Realmente, os custos são altos para embarcações, mas deve-se focar na ociosidade das embarcações que existem na atualidade no mar e atracados. Há muitas pessoas que possuem embarcações que só a usam uma vez intercalados em longos períodos. Encontrar nichos nessa ociosidade poderia gerar novas empresas e empregos. É essa a ideia, além de colocar em prática alguns estudos acadêmicos, que jamais saíram do papel, como inovadoras fazendas marinhas, e até mesmo começar a pensar em indústrias que usem o mar para produção, são diversas opções. Uma das formas de negócios no mar seriam em formas de parcerias entre empresas, setor público, universidades, indústrias e o estado para a busca de nichos, oportunidades e a sua devida execução. Em relação ao meio ambiente, já há a formação de legiões de pescadores de plásticos e materiais poluidores, inclusive empresas, e.g., a empresa do jovem Boyan Slat, criador da empresa *The Ocean Cleanup*. E ainda há espaço para empresas de limpeza do mar e conservação. Os arranjos produtivos industriais e monetização dessas empresas que é a parte complicada, mas é possível. Em tese, uma empresa assim, os agentes iriam trabalhar tanto na praia, onshore quanto offshore, colhendo materiais descartados para reciclagem, mas em relação ao mar, os limites são poucos. Um exemplo, seria um pacote turístico de pessoas para irem durante as férias limpar as praias, ou alguma área da costa, ao qual, nas férias, essas pessoas pagando, iriam usá-las como incremento no currículo por terem feito serviço social e ambiental. Como podemos verificar, há diversas oportunidades além da extração predatória. Algo como fazendas, itens do mar, produções industriais usando a força das águas, indústrias flutuantes, modelos de usina nuclear flutuante como a Rússia criou recentemente e tantos outros casos de negócios rentáveis offshore, parques submersos para turismo. Em especial em países pobres onde há tanto desemprego, os custos não seriam tão elevados, com treinamento adequado e uma produção satisfatória, seria suficiente para cobrir boa parte dos custos. E hoje não faltam tecnologias a esse fim.

Na atualidade como uma questão militar, há barcos drones sendo avistados pelos sete mares, algo novo e que traz reflexões. Como a possibilidade de haver embarcações autônomas e salva-vidas em alto mar para resgates, também ao mesmo tempo seria um laboratório de monitoramento intermitente para vários usos em alto mar. Obviamente, que coisas semelhantes já existem, e o leitor pode estar pensando que se está querendo reinventar a roda. Mas a questão aqui é trazer a reflexão, com essas novas possibilidades e as unir à criatividade humana, se unidas e colocadas em prática é possível gerar novas indústrias, novos negócios, novas fontes de renda. A questão é ter os meios iniciais, a vontade, as ideias, e lentamente, a partir do momento que uma base é lançada, uma sequência de outras podem seguir adiante. Já existem fazendas de camarão que evitam a extração predatória no mar, mas quantas outras inovadoras tecnologias e ideias ainda estão no ostracismo e poderiam despertar para a exploração comercial do mar? Isso significa empregos, inovação e novas possibilidades.

Há muitos trabalhos científicos, livros, revistas especializadas em mar e oceanografia, e estudos sobre potenciais negócios no mar, a maioria sequer saiu do papel e permanece nas academias. Assim como no setor imobiliário, com condomínios flutuantes conectados com a costa por drones para passageiros. Algo como uma plataforma de petróleo fixa de grandes dimensões, como uma verdadeira ilha, uma cidade artificial plenamente fixa em alto mar. Algo como nessa ilha artificial haveria de tudo, hospitais, mercados e lojas. Este não é um modelo de negócio de exemplo ou sugestão, mas apenas para fazer o leitor refletir que há muito espaço em alto mar para negócios ainda não explorados. Podemos ainda refletir que nem todo lixo que jogamos no mar é prejudicial, por exemplo, embarcações afundadas, desde que removido o óleo e poluentes tóxicos, servem de berçários e esconderijo para peixes pequenos contra predadores de peixes. Inclusive, algumas embarcações afundadas viram verdadeiras obras de arte no fundo do mar, repletas de vida e plantas aquáticas coloridas. No fundo do mar também há verdadeiros desertos, e muitos peixes sem esses abrigos não sobrevivem, portanto, nem todo lixo no mar é um problema. Estaria neste ponto um nicho de negócios? Algo como uma dispensa de barcos, e até objetos de grande porte não tóxicos. E por que não, parques submersos para visitas turísticas? Novos materiais e avanços em análise de elementos finitos? Esses campos avançaram muito, compósitos, materiais transparentes, estruturas com grandes resistências a solicitações de extrema extensão estão disponíveis em CAE.

De fato, no mar há um leque imenso de oportunidades que se começar a ser pensado, oportunidades inimagináveis começam a surgir. Colocando em prática, milhares de empresas e empregos seriam gerados. Há países que possuem amplas costas para o mar como Portugal, Brasil, Nigéria e outros grandes países com alto potencial para negócios. Muitos que apesar desse grande potencial, não exploram ainda em todo seu potencial na área offshore, naval e marítima, para colher grandes resultados econômicos, desde que colocados em prática boa parte das tecnologias que adormecem em estudos acadêmicos, deixando de existir mais empresas, negócios e empregos. O mar e a oceanografia junto a tecnologias atuais disruptivas são potenciais geradoras de negócios e empregos.

17. Outdoors, placas, painéis eletrônicos, neon, negócios e empregos

Em muitos locais ao redor do mundo há restrições excessivamente pesadas contra os anúncios em ambientes públicos de empresas. Algumas cidades possuem alta vocação para o turismo histórico aonde milhões de pessoas vão a essas gastar, apenas para ver a arquitetura da cidade que são museus a céu aberto, monumentos e seus restaurantes, como Paris, Grécia e outras cidades realmente arquitetônicas. Já outras cidades, apesar de também possuírem arquitetura moderna expressiva e atrair pessoas, a sua vocação maior são os negócios, como: New York, ou cidades como Cidade do México e São Paulo. Segundo o setor hoteleiro, a maioria absoluta dos hóspedes é de turismo de negócios, assim como para eventos corporativos e acadêmicos, e até turismo ecológico, e quase nada de turismo arquitetônico. Logo, não é justo e não há motivos para cidades assim restringirem os anúncios de outdoor. Se as pessoas vêm a cidade atrás de negócios, elas não querem ver prédios e cimento, querem ver um ambiente corporativo e o pulsar dos negócios e um meio de fazer isso é por meio de anúncios. Para tudo há limites, e o excesso de construções residenciais com poucas empresas causa desequilíbrio na economia. Frequentemente vemos fachadas deterioradas, quando não está depredada, a mesma está pichada ou com desenhos, não é questão de ser contra o grafite artístico ou político, com a nota de que o autor já fez grafite e tem grande conhecimento nessa arte, a intenção é apenas levantar a discussão de que todos deveriam ter espaço, inclusive, e principalmente, as indústrias para a geração de empregos e renda.

Embora não aparente pelo título desse livro, é fruto de pesquisa entre três interfaces. Promoção de empresas industriais, emprego, ciência e tecnologia. Neste intuito e com as novas tecnologias de eletrônica, só com o gás neon há uma revolução enorme tecnológica. E essas tecnologias químicas, físicas, mecânicas ligadas com TI e iOT têm potencial enorme em geração de empregos. Podemos assim refletir sobre cidades internacionalmente turísticas que não atraem turistas por sua arquitetura de fato, e sim pelo contrário, atrai pelos negócios, pelos polos de sistemas financeiro e industrial. Como já exemplificado, este trabalho irá desmiuçar o máximo possível de nichos e possibilidades para a geração de empresas, emprego, renda e meios para gerar ocupações rentáveis. E o setor publicitário restringido das comunicações visuais - outdoor é um dos mais afetados. A vocação de grandes cidades está mais como Nova York e aquelas avenidas repletas de outdoors, painéis digitais, luminosos e neon. Inclusive pelo setor hoteleiro que 85% das ocupações são de turismo de negócios e eventos de grandes cidades, e apenas 15% de outros casos. A incluir, visitas a cidade para questões de tratamento médico, cursos executivos, fechamento de contrato e outros casos. Logo, é evidente que a cidade tem um perfil mais voltado para negócios, pessoas com o intuito claro de ver e encontrar bons negócios em um ambiente corporativo.

Permitir placas, outdoors, luminosos, e demais anúncios em cidades turísticas como Ouro Preto, em Minas Gerais, Brasil ou Belmonte em Portugal, assim como em Paris, que são cidades que atraem as pessoas por suas belezas naturais e arquitetura é claramente algo insensato. Mas, proibir os anúncios em cidades comerciais é algo realmente a ser repensado. Portanto, a cidade que tem vocação a negócios em geral, assim como para eventos corporativos e acadêmicos é completamente sem sentido, restrições, cabendo ao menos nosso protesto pelo emprego. E como a maioria das pessoas vem a grandes cidades atrás de negócios, nada mais justo do que liberar os anúncios outdoors, painéis eletrônicos, placas e neon. Além de permitir as agências de publicidade também os artistas de grafite venderem anúncios nos espaços, formando empresas, negócios e renda. Aliás, grandes cidades têm potencial para se tornar uma das cidades ao qual o neon poderia ser um atrativo noturno em si mesmo. Como no Japão e Nova York, há até músicas, os jovens saem passeando de carro à noite, apenas para ver os neons. Se for para discutir sujeira e limpeza, muitas das grandes cidades não cumpriram com este feito, ao vermos até estátuas totalmente pichadas, prédios e monumentos depredados e pichados. Há partes nas grandes cidades parecendo um chiqueiro e fachadas de prédios gerando custos a seus moradores e ao estado, sendo que poderiam estar ocupadas por uma placa ou outdoor gerando lucro e empregos. De forma honesta, pense na quantidade de pessoas desempregadas e no potencial que há neste setor da publicidade. Transformar e fortificar o turismo de negócios em granes cidades com maiores atrativos turísticos de negócios, começaria por transformar seu visual para negócios. Mesmo porque havendo bom senso, há espaço para todos.

A quantia de turismo por arquitetura, a maioria são pessoas locais fazendo trabalhos acadêmicos de arquitetura para ganhar pontos, ou cumprir a tarefa de hora/aula. Já o setor hoteleiro afirma em números uma quantia imensa, inclusive de estrangeiros com dólares e euros chegando a grandes cidades para negócios. Logo, a vocação dessas cidades é essa e não a arquitetura que em muitos casos está depredada, até mesmo pela intensa especulação do espaço. É mais fácil um turista ir a uma grande cidade por motivos de turismo ecológico do que para ver arquitetura. Ainda mais em cidades onde o setor especulativo residencial abusou do uso do espaço, sem limites, em alguns casos transformando a cidade em condomínio residencial, não respeitando em muitos casos a delimitação de áreas, e assim construíram até mesmo em áreas de uso exclusivo industrial, ambiental, comercial e outros locais. Se não houvesse proibições a anúncios outdoors em muitas das grandes cidades, suponhamos no Brasil inteiro, o que teríamos seria a geração de centenas, milhares de empregos e inovações com as novas tecnologias eletrônicas disponíveis e tantas outras que sequer ainda são de conhecimento público, frutos de ciência. Quantos publicitários, designer gráficos, desenhistas, especialistas em mídia, técnicos em eletrônica, produtores e artesãos de neon, empregos de motoristas, ajudantes de instalação, soldadores, engenheiros, empregos diversos nas empresas que vendem esses materiais. E essa lista é apenas a ponta do iceberg. E a renda que iria gerar para o casal de aposentados que poderia locar um espacinho em seu quintal para instalar uma placa ou poste de painel, o condomínio que poderia reduzir se pudesse locar a fachada do prédio de fronte para uma avenida que só gera custos, convertendo o custo a uma agência anunciar e consequentemente, revertendo em lucro. Algo em que todos saem ganhando. Ou mesmo, no caso de agentes de venda de espaços publicitários, o setor comercial, e acima de tudo, os resultados desses anúncios que irão gerar mais vendas, mais lucro e mais receita, e consequentemente ainda mais empregos.

Portanto, liberar anúncios nas grandes cidades é uma forma de gerar empregos. Como bem exemplificado, este livro é para apresentar meios de gerar empregos a todo custo, como uma máquina de gerar empregos buscando o máximo de meios para geração de empregos. Acabou de ser apresentada uma forma bem simples, que do dia para a noite, centenas de empresas podem aparecer, contratar e gerar empregos. Inclusive, promovendo o turismo noturno, como dito, se houver coordenação a cidade pode se tornar uma espécie de cidade *neon night* atrativa. Assim como um ambiente publicitário corporativo dinâmico e atraindo empresários, empresas e investimentos.

18. Supridores de inovações e caçadores de tecnologias fora da curva

Para se compreender tecnologia não há outro caminho senão pelo estudo, e partindo do estudo básico é possível trilhar estudos particulares, como sempre estar descobrindo como as coisas funcionam. Por exemplo, um relógio analógico e digital, uma calculadora portátil compacta, um termômetro digital, um rádio, um circuito de acender e apagar uma lâmpada, uma máquina, conhecimentos biológicos, e assim por diante. Obviamente, para algumas coisas é preciso conhecimento acadêmico, no mínimo básico em físico-química, biologia, conhecimentos industriais e design de produtos. Na atualidade, podemos ver pelos meios digitais muitos youtubers e pessoas adeptas do DIY *do it yourself*, ou faça você mesmo. Nestes canais há pessoas que sequer possuem graduação, apenas cursos feitos por correspondência, mas muito bem-feitos e recomendados, como no Brasil os cursos do IUB™ Instituto Universal Brasileiro, além de muitos exemplos de boas escolas a distância também em Portugal e demais países. No caso da IUB é uma escola tradicional com cursos tradicionais técnicos que ensinam bem eletrônica, mecânica de carros, elétrica e mecânica de motos e tantos outros. Logo, muitas pessoas com um curso destes praticamente dão aula pela Internet em conhecimentos valorosos sobre tecnologias, portanto é um exemplo de que o querer fazer é possível. Junto a esse pessoal há também a cultura dos MAKERS que são grupos que se unem para fazer pequenas oficinas para a produção de coisas com equipamentos diversos como circuitos eletrônicos e diversos aparatos. Estes são exemplos claros de que é possível criar, inovar e gerar tecnologias.

Há diversos estudos de caso que poderiam ser citados aqui, mas seria injusto com tantos outros, um mais criativo e eficiente que outro. Vamos considerar a pessoa que planejou abrir um negócio, como uma manufatura de fundo de quintal, e possui habilidades básicas que seja em eletrônica ou aciaria, ou fundição ou no ramo alimentício e força de vontade. Estas pessoas podem hoje recorrer à Internet e aos fóruns técnicos especializados para solucionar problemas complexos. Os fóruns e especialistas e até vídeos na Internet são ótimos para esse fim, mas poderia haver mais auxílio a pessoas que querem empreender fora da curva. Compreenda o fora da curva para as pessoas que querem sair do básico, algo longe de se comprar uma máquina que aperta um botão e sai os produtos já saturados no mercado. Para isso é preciso uma análise mais profunda sobre negócios, uma visão comercial, de negociação e de estudos financeiros de mercado. Logo, hoje em dia é obrigatório e questão de sobrevivência e existência fazer as coisas fora da curva. De que adianta inventar de produzir algo igual a muitos, por exemplo, algo no qual já há mais de 100.000 pessoas fazendo o mesmo, além das grandes indústrias produzindo o mesmo, logo, o mercado está saturado com a oferta desse produto. A ideia seria sair da curva, criar algo diferenciado, algo que chame a atenção das pessoas, portanto, é necessário inovar mesmo em setores saturados com oferta. Seguindo essa linha de raciocínio, podemos compreender que inovar é o mesmo que criar demanda, mas criar demanda com coisas fora da curva. Mesmo em setores saturados com oferta, a criatividade humana, inovação e aplicar a criatividade nos produtos com tecnologias são o caminho para entrar no mercado hoje em dia.

No entanto, para isso é importante que haja educação, que as pessoas busquem por si mesmas cursos e qualificação. O conhecimento é vital na atualidade, as universidades quando não fechadas em si mesmas se tornaram úteis à sociedade e á ciência, escolas técnicas, se todos agirem as coisas aparecem. Não sendo uma questão pura de ideias, e sim de como fazer acontecer. Não importa a qualificação, é necessário nesses novos tempos ser multiespecialista, como em compras de materiais, caçador de tecnologias fora da curva, ter conhecimento de físico-química, eletrônica, e conhecimentos gerais de tudo um pouco. A ideia aqui é chamar a atenção para esse gap, que poderia inclusive resultar em novas empresas. O que há em excesso hoje em dia são pessoas criativas que até já criaram seus negócios, mas não conseguem ultrapassar algumas barreiras técnicas para dar o próximo passo. Suprir os pequenos com consultorias especializadas em parcerias com empresas, com soluções que envolvam química, física, matemática, eletrônica, computação, processos e outros assuntos técnicos. Seria uma boa solução, tudo a baixos custos ou subsidiados para microempresas, é uma das tarefas que representa preencher um enorme potencial na atualidade. Por exemplo, se um empreendedor resolveu desenvolver uma linha de poucos produtos, mas necessita de conhecimentos químicos, físicos, ou de amostras de material que devido a burocracias, às vezes, se torna um processo desgastante, e esses empreendedores precisam, em alguns casos, de auxílio para etapas quase impossíveis no trajeto, como auxílio técnico, isso acaba travando o desenvolvimento. Como se observa, há um imenso gargalo que poderia ser solucionado com a existência de empresas ou instituições de consultoria especializadas para atender esses novos microempresários tecnicamente onde alguns dependem de alta tecnologia. Em países pobres pode não ter alta ciência e tecnologia, mas sempre há pessoas criativas e com vontade de fazer e fazem até certo ponto. Não é diferente em países como o Brasil, mas algumas vezes a iniciativa morre na praia por falta de um pequeno apoio no início, assim, deixam de existir empresas, produtos, tecnologias, mais comércio, economia girando e consequentemente menos empregos são gerados. Todos acabam perdendo com isso.

Há muitas pessoas que se perguntam o porquê de não haver universidades mais presentes no mundo produtivo. Obviamente, para quem entende de mercado compreende que isso envolve egos, direitos intelectuais e uma série de complexidades. Mas, ao mesmo tempo, hoje existem tantos modelos de negócios surgindo que chega a ser ridículo esses pensamentos retrógrados. Quantas universidades disruptivas pelo mundo não já tentaram fazer projetos de incubadoras, assim como universidades particulares. A maioria dessas universidades abriu espaços para incubar consultorias de contabilidade, administração, produtores de aplicativos, consultoria científica, ou seja, em grande parte empresas que já estão saturadas no mercado. Mas, qual a razão de não ter novos modelos de negócios, processos, inovação e incubadoras para o setor manufatureiro? Até mesmo um arranjo com grande espaço com oficinas e laboratórios compartilhados poderia ser estudado. Um exemplo, seria uma consultoria que venderia consultorias técnicas das universidades a preços módicos em um possível arranjo no qual todos ganhariam. Basta ver o exemplo de modelos de negócios novos como o Udemy™, Coursera™, Edx™, e tantas obras publicadas de alta qualidade, além de cursos de quase todos os assuntos e disponível a qualquer pessoa ou empresa a preços módicos e acessíveis. Imaginem uma espécie de plataforma assim, como uma consultoria baseada em universidade que venda consultorias técnicas em qualquer assunto, e ao mesmo tempo em que solucionam o problema, em todos os assuntos, usar essa jornada de solucionar junto aos alunos e todos aprendem junto, ao mesmo tempo, geram alguma receita que poderia ser reinvestida na universidade e nos processos desta pesquisa em um espírito de comunidade, aprendizado e com contrato com a empresa que é praxe no mundo corporativo.

Por exemplo, consultoria administrativa, onde uma microindústria não saberia como fazer compras, e essa plataforma teria um curso junto à consultoria para ensinar e dar dicas de fornecedores, como comprar, e como gerir estoques. Para alguns pode parecer um assunto irrisório e sem importância, mas só esse detalhe leva muitos à falência, logo mais desempregados.

Qualquer pessoa que compreende os processos das universidades rapidamente compreenderá que a função destas é a de gerar conhecimento, estudos, publicações, e através desses trabalhos contribuirem com os setores da sociedade como o médico, industrial, e demais setores. Através da ciência estes criam ou ajudam a trilhar os caminhos para a geração de tecnologias. No entanto, em muitos casos o que se vê são universidades com plena capacidade se escorando na pesquisa básica e se isolando do mundo, se mantendo de forma excessivamente subjetiva ou abstrata, não considerando as realidades produtivas econômicas. É preciso desmistificar a imagem das universidades como local no qual a pessoa entra para conseguir um bom emprego. Isso é papel também das escolas técnicas, dos cursos técnicos e não das universidades. É preciso desmistificar essa imagem que alguns criaram em cima das universidades para vender cursos, sendo que não é verdade. Poucos são os que conseguem empregos bons através de universidades, não é esta a função dessas instituições. Através de regulamentações as universidades deveriam dedicar parte de seu tempo para consultorias para empresas, empreendedores e geração de empresas mais pesquisas e tecnologias, tudo dependendo do curso em questão, absolutamente, todos ganhariam com isso. Vamos colocar um exemplo prático. O caso de um produto químico para produzir um produto que precisa de uma síntese, como uma pequena microempresa poderia ultrapassar essa barreira técnica sem ajuda?

Logo, a existência de uma consultoria técnica, eficiente e barata disponível poderia ajudar muitas empresas, a gerar mais produtos e empregos. Um portal que una universidades, institutos e escolas técnicas, no qual o empreendedor posta uma questão, paga uma taxa, e ele realiza os trabalhos. Com opção de manter o nome da empresa oculta inclusive. Após os estudos, receberia um relatório e uma consultoria geral. Precisamos repensar e questionar qual é o papel das universidades, ou as remodelar para ganhar mais eficiência são questões pertinentes a serem pensadas. A função das universidades não é única, , ou seria apenas o de entregar diplomas para pendurar na parede ou ajudar a pessoas e sociedade em seu desenvolvimento, as universidades são ou deveriam ser polos de desenvolvimento? Sejam universidades, escolas técnicas, especialistas em administração, em contabilidade, em compras, tecnologias em geral, ou seja, toda a comunidade acadêmica em suas especialidades possui enorme potencial para geração de muitos empregos. Se uma empresa precisa criar algo, mas que envolva química e não é este seu ramo. Ou mesmo, comprar um químico, e não tem ideia de como e onde encontrar. Ou precisa desenvolver um circuito eletrônico e o empreendedor não tem essa habilidade. Ou mesmo o empreendedor precisa saber como fazer compras inteligentes de estoque, ou mesmo como declarar impostos sem ter conhecimento, ou como fazer uma boa negociação de vendas. Tudo isso poderia ser encontrado hoje em dia em plataformas de auxílio a pequenos empreendedores em seu começo, quando não possuem recursos. Sem isso se torna complexo e difícil encontrar um ponto fora da curva. Algumas coisas são possíveis de fazer sozinho, mas outras se tornam quase impossíveis. As pessoas não podem ser boas em gerenciamento e serem boas em eletrônica e química ao mesmo tempo, há limitações que ao mesmo tempo lançam desafios para serem vencidos ou resta a estagnação.

19. Coleta de ideias e metodologia como uma máquina de gerar demanda

Negócios existem como resultados de ideias por visionários, estes com recursos escassos dimensionam suas ideias a serem ajustadas às suas capacidades disponíveis. Essa é a tradição mais comum, no entanto, esse modelo poderia ser turbinado e mais bem avaliado e executado com mais métodos. Estamos na era disruptiva das coisas, romper perspectivas em negócios, oportunidades e fazer acontecer. Na atualidade muito se discute sobre virtualização de tudo, tecnologia da informação e sobre linguagens, algo longe da saturação, ainda há espaço para geração de métodos e muitas disrupções tecnológicas. Algo além dos usuais modelos de negócios já tão usados. Como plataformas coletoras de ideias, negócios que já a modelem com todas essas novas metodologias e regras de negócios possíveis.

> "*Tecnologias continuarão a reinventar negócios, porém, as relações humanas ainda serão a chave para o sucesso*".
> Stephen Covey

Remodelar e unir conceitos, remodelar e modernizar velhos negócios de forma a os qualificar a terem mais rendimentos, gerar mais recursos e proporcionar os melhores resultados para todos. Ao mesmo tempo em que em troca, setores prejudicados, como bancas de jornais e livrarias e outros setores culturais, e as indústrias devem ter subsídios do estado, e receberem benefícios para se manterem e com incentivos às pessoas para que comprem nestes locais. Uma simples ação do governo poderia gerar empregos. Como obrigar o merchandising gratuito e subsidiado dentro das programações de TV e outros meios promovendo setores vulneráveis da economia, como bancas de jornais, livrarias e setores culturais, seria uma boa ação. A ideia geral é que todos ganhem e com isso a economia se desenvolva. No esquema 1 de fluxos de produção, consumo e trocas podemos notar um fluxograma básico de cadeia de produção, processamento, logística, comércio e clientes. Envolvendo o processo commercial B2B (business to business), e o B2C (business to customers) juntos. Como Podemos observar e tendo em mente o pensamento integrativo unido com a metodologia disruptiva, podemos de fato afirmar que esse fluxograma mostra a regra de negócios possivelmente mais eficientes dessas transações ocorrerem, ou haveria mais de uma dezena de outras regras de negócios neste processo, algo além e disruptivo, como meios dessa cadeia ocorrer?

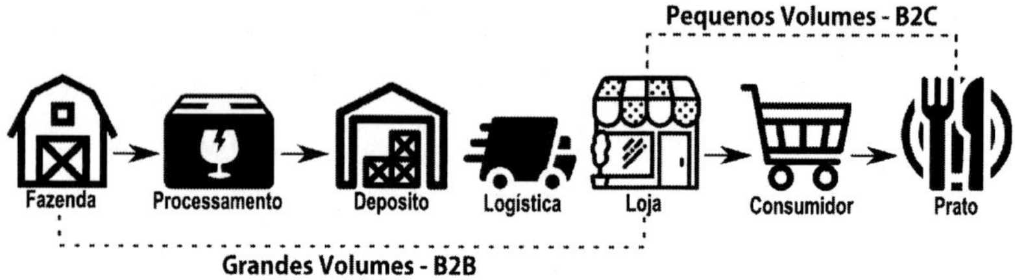

Esquema 1 – Básico sobre a cadeia de produção de alimentos.

É preciso coleta de ideias para conceitos e pensamentos gerarem lucro. Há muitos exemplos, uma ponte de viaduto que é algo inerte e passivo, como poderia gerar lucro? Os arquitetos junto a artistas poderiam pensar, transformar uma ponte em uma atração turística, ou para uso na economia criativa. Qual tipo de economia criativa poderia ser usada em pontes? Para coletar essas ideias e monetizar as que fossem usadas, ou melhor, compradas. Como diz o ditado popular: ideias não valem nada, o que vale é o trabalho de colocá-las em prática, à medida que começam a gerar algum valor. Mas, quem faz isso é o executor e não quem teve a ideia por assim dizer, realmente um assunto que envolve muitos detalhes e até ética. A grande luta pela sobrevivência da maioria das empresas sempre está focada na busca por demandas e como fazê-las aparecer? Portanto, é até compreensível dizer que ideias não valem nada. Mas, entra-se em uma contradição ao dizer que quem teve a ideia nada merece. Os caçadores de oportunidades têm um potencial enorme para a geração de mais empresas. A praxe é sempre a mesma, o incentivo às pessoas a procurarem empregos, fazerem concurso público ou serem empreendedores, no entanto, a proposta aqui apresentada seria um pouco além desse padrão. A ideia aqui é sair um pouco da caixa, e aprender um pouco com os processos acadêmicos e com os vendedores, ou seja, a proposta está em geração de uma metodologia que leve oportunidade a pessoas esforçadas.

A maioria dos empresários de sucesso afirma que começaram ao identificar um problema, logo uma demanda, assim criaram uma solução e começaram a vender, sendo pioneiros no ramo. Seguindo esse princípio, a proposta neste espaço seria a de apresentar uma alternativa que é a de formar caçadores de oportunidades, demandas, problemas, ideias e negócios.

> "*Problemas com dados bem definidos, geralmente numéricos, onde inexistam indagações sem respostas, são chamados de problemas bem estruturados*", (Moreira, 2008).

Através desse meio, haveria reflexão, estudo laborioso, trabalho intelectual e de campo, especulação e muitas inovações corporativas e de negócios. Tudo isso transformando em produtos para a venda. O conceito aqui apresentado para gerar empregos em massa seria o de desenvolver essa metodologia baseada não em regras de negócios, mas em geradores de demanda, para resultar nas ofertas que seriam as empresas. Uma nova metodologia para identificação e geração de demandas.

20. Plano de reindustrialização por mais chaminés e menos especulação

Em tudo no mundo como na natureza há uma busca pelo equilíbrio e a harmonia, há uma dose certa de água para cessar a cede, há uma dose certa de alimentos para suprir a fome. No urbanismo e também em estudos produtivos regionais indicam que as cidades são organismos vivos, necessitam de algum equilíbrio. Como nos casos de terem poucas ou nenhuma indústria ou malha produtiva, ferrovias, setores produtivos em geral que empregam em volume, logo, falta de diversidade econômica. No caso de muitas cidades a falta de planejamento resultou na baixa qualidade de vida e necessidade de grandes deslocamentos humanos para alcançarem os polos produtivos que sobraram. Em países da América Latina em sua maioria as cidades dormitório tomaram quase todo o espaço das cidades com o crescimento horizontal. Tudo isso unido à falta de investimentos em polos produtivos pelo estado, e políticas de incentivo devido ao liberalismo. Nos países sempre houve e haverá o fundo perdido que representa grandes somas do PIB para investimento perdido, como em ciência básica, e a luta constante é por esses recursos. O liberalismo com um forte lobby sempre busca esse fundo público em muitos países para o setor financeiro improdutivo em esquemas de juros. Enquanto o setor produtivo como no Brasil fica sem nenhuma porcentagem do PIB, mesmo sendo o maior contribuinte e o maior empregador. Décadas passaram e as cidades entraram em desequilíbrio, resultando em desemprego persistente e decaimento da renda.

O desemprego e a pobreza só aumentam sem investimento em produção, criação de polos produtivos, desenvolvimento, investimento em ciência básica grandes projetos científicos como o Sirius de Campinas em São Paulo. No mundo após a adoção do globalismo vivemos em uma luta entre o sistema financeiro e o sistema de produção. Curiosamente, sempre que há crises econômicas e desemprego no sistema financeiro e bancos ocorre o inverso. Basta ver o faturamento dos bancos no Brasil nas crises, um verdadeiro bem-estar social do estado por juros e outros arranjos para bancos e os cassinos financeiros. No caso, grandes conglomerados financeiros de investimentos, como observado no seriado de TV chamado (Billions, 2016), os chamados grupos de investimentos mundiais, são grupos que gerenciam grandes recursos. O poder desses grupos é o mesmo dos bancos, em alguns casos equivalentes ao poder de estado. Mas esses grupos de investimento buscam a todo custo lucros altos rápidos para seus investidores. E para isso, compram indústrias e conglomerados de produção, avaliam no globo locais de produção a custos próximos a zero. Praticamente se tornando os donos do sistema produtivo. E como os donos das indústrias querendo a todo custo alto nível de lucro, estes colocam na administração altos executivos com foco pleno nas planilhas financeiras, sem nenhum consentimento com as comunidades e independente do país. Estes têm como meta redução máxima de custos, e assim procuram sempre transformar a produção em algo a se terceirizar, preferencialmente só querem ver as planilhas no azul. Não há nenhum romantismo nos processos de produção, na geração de tecnologias, inovação, pesquisa, ciência, e sim o lucro pelo lucro a todo custo. Sem considerar qualquer questão social local, desemprego, nível ou qualidade de empregos. Simplesmente, lançam a produção a países que usam até mão de obra escrava [GSI, 2020]. Há relatos de navios fábricas em águas internacionais com prisioneiros e centenas de outras atrocidades que muitos destes sempre usaram para forçar a competição desleal pelo mundo. E dessa forma alavancar lucros excessivos a esses grupos de investimentos globais que estão em outra realidade da economia real. Infelizmente, podemos até mesmo entrar em dúvida se o liberalismo se tornou uma ditadura na qual sequer permite espaço para a voz do sistema produtivo.

Se realmente vivemos em uma democracia, as pessoas têm o direito a diversidade econômica. E o estado tem que prover espaço as indústrias que pagam impostos, até mais que outros setores, e quase nada dos impostos é destinado a promoção de novas indústrias, muito menos espaço para fábricas, inclusive próximo as cidades para haver diversidade econômica. . Equilíbrio é algo que parece faltar em muitas coisas. O desequilíbrio na diversidade econômica é a origem de grande parte dos problemas. Muitos profissionais altamente qualificados vivem a buscar o equilíbrio em seus ofícios, mas, o urbanismo da maioria das cidades é insuficiente, pouco diversificado economicamente, priorizando residências em detrimento de uma diversificação. Na maioria dos casos essas cidades condomínios possuem uma economia quase morta que jamais se ativa. Logo, quais seriam os passos para a reindustrialização mais efetiva, além de desvalorização do câmbio, ajustes nos impostos, e desburocratização do país? Há mais etapas que poderiam beneficiar a indústria no país? Reduzir a concentração de renda, especulação dos espaços, patrimonialismo, latifúndios, e outros tantos sistemas improdutivos concentradores de renda, além de encontrarmos meios de gerar políticas de substituição de importados e selos de produção nacional. As questões estruturais do país são um problema, como impostos excessivos sobre indústrias e praticamente nulo sobre grandes fortunas. E como já mencionado, os liberais dizem que se taxarem grandes fortunas, estes fogem do país, mas no caso de países como o Brasil, com a maior concentração de renda do mundo, no qual os capitais estão alocados em negócios improdutivos, a maioria em patrimonialismo, heranças, juros, sistemas em geral improdutivos. Logo, mesmo se os taxar, até eles fugirem, teriam pagado as taxas, porque não iriam conseguir levar o patrimonialismo tão facilmente. Logo, esta seria uma ação para forçar o investimento em produção e reduzir a concentração de renda do país.

O capital improdutivo é concentração de renda, logo, capital produtivo parado e engessado. Já que se fugirem ao serem taxados vão deixar o patrimonialismo, heranças, especulações, latifúndios e outra série de riquezas improdutivas para trás e a fila anda. Não faltarão novos empresários para ocupar esses nichos deixados para trás. É o mesmo que o funcionário que se acham o único motor da empresa, e imagina inocentemente que se sair a empresa irá falir. Mas, assim que este sai, aparece uma fila a perder de vista de profissionais ainda mais eficientes, competentes e qualificados que o mesmo. O subsídio ao sistema produtivo industrial de verdade é obrigatório em qualquer país que queira ser grande. Países que conseguiram crescer com o subsídio do estado foram os EUA, Canadá, Alemanha, Japão, Taiwan, ou seja, produção, indústrias e empregos. O subsídio se não é usado pelo sistema produtivo, a indústria é então usada para pagar juros para o sistema financeiro e até cassinos financeiros. Na indústria toda a sociedade ganha, no sistema financeiro especulativo apenas os banqueiros. Algumas ações que poderiam ser tomadas envolveriam a educação industrial de jovens e a implantação de novas tecnologias para incentivar a produção e a competição. Não há como desmentir, o estado é o maior criador de demanda de cada país, e a luta é quem receberá essa demanda. É óbvio que devemos reduzir o custo do país, o custo do estado, mas não se deve entregar o estado ao sistema financeiro. Onde fica a diversidade econômica das cidades se a economia precisa ter diversidade da economia primária, a quaternária e nova economia, e cidade e país sem indústrias são fracos economicamente.

O sistema produtivo precisa acordar e se reativar, conseguir fazer mais com menos, e aproveitar o sistema digital para o sistema produtivo, e surfar na onda verde que está em alta, priorizando negócios que gerem empregos. É preciso uma revolução na qual o sistema produtivo, e a indústria renasça, tomando a voz e com subsídios e ajuda estatal. O que seria e o que representaria um programa chamado, em tese: mais chaminés e menos especulação, para a reindustrialização do país? São coisas assim que precisam ser repensadas. Precisamos de um programa de estado pela reindustrialização, cidades precisam funcionar e diversificar, e possuir o máximo de diversidade econômica como indústrias, natureza e ambientes não especulativos. Falta equilíbrio econômico nas cidades.

O primeiro passo para uma volta à industrialização seria a criação de um selo nacional supervalorizado. As empresas industriais são mais complexas e geram mais redes conectadas de negócios, por isso são importantes a existência e incentivo de construção de mais parques compactos e produtivos, industriais tecnológicos, principalmente em cidades. Investimentos em grandes áreas industriais, em condomínios industriais, e cumprimento dos limites das áreas industriais em planos diretores, gerando mais zonas de uso exclusivo industrial, para se evitar a especulação dos espaços e que ambientes residenciais destruam áreas produtivas. Por isso é importante o investimento em grandes parques industriais tecnológicos, que consequentemente geram mais impactos econômicos positivos. Com a produção de um selo, além de haver o direito de saber. Ou seja, as pessoas poderem saber quanto de cada produto tem produção nacional, e.g., na compra de um produto, qual a porcentagem que há em cada produto ligado a produção nacional e a porcentagem que é do exterior, quanto seria? Como os selos de consumo de energia, ao se comprar um carro, produto de linha branca como geladeira, fogão, micro-ondas, ou outros haveria um selo com uma seta indicando entre 0% e 100% a quantia de peças com origem nacional. Com normas que indicariam com esse selo, inclusive em sites, os produtos e sua porcentagem nacional, seguindo o direito de saber do consumidor. Ter essas medidas seria importante para ajudar na reindustrialização. Desta forma, pessoas que preferem a produção local teriam meios para alocar suas compras e ações privilegiando as indústrias locais que geram empregos no próprio país. Há um grande lobby partindo dos grandes sistemas financeiros mundiais contra a indústria, sempre vendendo a imagem da indústria com chaminés, destruição do meio ambiente, degradação humana, poeira, metais barulhentos e todo um marketing contra a indústria. Mas, as coisas mudam, o progresso avança e parte da população continua acatando a bandeira liberal de que o mundo vive de gráficos bonitos e juros, anos luz da economia real.

Já há décadas com os novos processos industriais modernos, as indústrias se tornaram parques práticos de formação, treinamento, e pesquisas, com o objetivo de transformar o conhecimento em produção eficiente e competitiva. São polos industriais, espaços de produção baseados em ações intelectuais para manufatura altamente tecnológica. Em uma comparação, as indústrias modernas são áreas que colocam os conceitos acadêmicos à prática. As empresas modernas se tornaram campus de estudo e desenvolvimento de produtos. São centros de pesquisa científica, desenvolvimento, testes, e aplicação prática.

Por exemplo, uma parceria entre indústrias e o Senai, em Minas Gerais, gerou um *campus* de teste científico e tecnológico para ensaios elétricos de altíssima voltagem e potência. No caso, uma parceria para instalação de uma planta de laboratório produtivo para alta potência em sistema energético. O projeto envolvendo um consórcio entre as empresas Cemig, Norte Energia, CPFL Paulista e o grupo Neoenergia, para o projeto localizado em Itajubá. O projeto será um laboratório para testes de equipamentos para o setor elétrico. Para testes analíticos e práticos em alta potência, aumento de temperaturas e ensaios mecânicos gerais, tudo para elevar o nível em P&D neste importante setor industrial. Este é um caso do quanto as indústrias estão se modernizando. Não se encerrando em seus laboratórios e no chão de fábrica que ocorrem indagações, discussões, testes práticos e inovações, mas estendendo todo esse avanço até o fim da linha que é o atendimento ao cliente final e por vezes o *feedback*. Incluindo a logística e o comércio internacional, formando grandes teias de complexo produtivo e de desenvolvimento constante. As indústrias estão caminhando para uma customização de processos e técnicas como nunca visto antes, a qual a produção terá significativos avanços, com tendências a alta complexidade organizada e funcional. Formando verdadeiros complexos interrelacionados de progresso e desenvolvimento de produção industrial P&D e em complexidade relacionada. Seguindo rodas de alto progresso, conforme descrito na sequência algumas das modernidades industriais:

- Cadeias interrelacionadas em redes de prestação de serviço para cadeias de produção.
- Campus de desenvolvimento científico, pesquisa, projetos, geração de tecnologias, prototipagem e testes.
- Campus de desenvolvimento de demanda e negócios
- Campus de pesquisa, desenvolvimento, modelagem e simulação de produtos.
- Campus de simulação e modelagem comercial
- Integração entre sistemas e tecnologias.
- Rotas de desenvolvimento logístico.
- Sistemas de gerenciamento e atendimento à produção industrial e reposição.

Como já observado, as indústrias na atualidade são centros de desenvolvimento tecnológico com pesquisa, geração de tecnologia e laboratório. Formando uma cadeia de desenvolvimento avançada, requerendo e absorvendo mão de obra altamente qualificada. Promover a produção é como elevar um dos setores mais importantes, e com esse setor elevado leva junto toda uma cadeia de outros setores e empresas para cima. Tudo é bem simples, basta associar tudo a uma teia de aranha, a qual cada fio tem a sua importância estrutural, logo vender produtos sem manufatura é vender produtos sem valor agregado, não sustentam um país, e não passa de ilusão provisória que enriquece apenas os donos do extrativismo, todo o restante não sairá da miséria. Como exemplo, bons ambientes de negócios atraem o progresso, e o progresso ao beneficiar as indústrias forma cadeias. Simplesmente porque as indústrias modernas são setores manufatureiros de desenvolvimento, e não apenas de montagem de coisas que vieram de fora.

Ou seja, tudo, desde a concepção da ideia, a solução, o trabalho acadêmico bruto é feito em campus industriais, contemplando todo o conceito do projeto, engenharia de produto e fluxograma dos processos. Cálculos estruturais, mecânica de fluidos, termodinâmica, matemática envolvida, físico-química e eletrônica e o design de produtos, vêm em seguida os processos. Além da engenharia de produtos, contemplando o projeto com esses fluxogramas de produção é então realizada toda uma cadeia de desenvolvimento formada, como uma complexa estrutura biológica cheia de nervuras. Essas ramificações envolvem a produção, fornecedores, cadeias logísticas, controle de materiais, serviços diversos para atender a produção manufatureira e os serviços que estão casados e outra infinidade de atividades, setores e processos nessa cadeia de produção. Logo, é injusta a imagem de algumas pessoas punirem as indústrias pela imagem de chaminés e fumaça. Só na questão de poluição, começamos pelo fato de que a maioria absoluta das indústrias no ocidente possui grande cadeia de reciclagem, 98% das indústrias no ocidente possuem estações de tratamento de efluentes altamente eficientes. Possuem parcerias com empresas de reciclagem e compostagem, além de modernas tecnologias que estão surgindo. Como customização de produção, redução de perdas e retrabalhos. Tudo que falta é política sérias de reindustrialização, incentivos e promoção da indústria nacional. Não precisamos de comerciais mostrando a importância das indústrias e sim de ações de estado favorecendo a indústria e um selo moderno nacional para os produtos nacionais, assim como o direito de saber, como um selo de quanto cada produto é nacional em porcentagem.

21. A produção de artigos incomuns no ocidente

A questão é bem simples de definir, ou seja, como desenvolver uma indústria mais elaborada se não há a produção local das matérias-primas dos componentes e dos insumos necessários para o progresso desses setores industriais manufatureiros de alto valor agregado? Neste gigantesco setor de muitas possibilidades, podemos citar os componentes, peças, insumos e partes para compor o todo tecnológico. O objetivo principal é demonstrar o gargalo da manufatura industrial escancarada tomando como exemplo um setor de produção nulo no ocidente. O problema neste setor em parte é a mão de obra devido às baixas margens de lucro envolvidas em muitos casos, mas haveria arranjos para solucionar este caso? Podemos considerar a mão de obra ociosa, a desindustrialização e o caso do Uber e os entregadores. Um arranjo produtivo como complemento para o desenvolvimento da tecnologia de ponta talvez pudesse ser pensado. Um exemplo de artigos de manufatura incomum no ocidente é a produção de PET cristal ou vidro dopado com material condutor, ou seja, coberto com processo de pulverização catódica, algo semelhante à pintura de carros modernos, em uma espécie de pintura com tinta condutora elétrica. .

Também conhecido como processo de metalização por *sputtering* que pode ser feito laboratorialmente ou industrialmente. Em alguns casos amadores, a metalização é feita usando até mesmo o magnetron de aparelhos de micro-ondas domésticos. Materiais como o PET ou vidro dopado com essa "pintura metalizada" formam o material básico para se produzir LCD monocromático, como aqueles de calculadoras e relógios digitais. E este é só um dos gargalos de produções industriais inexistentes no ocidente. E para reverter essa desindustrialização a popularização industrial ao menos do processo de sputtering industrial já seria um grande feito. Em uma lista sobre os pontos neste tema a serem analisados podemos considerar:

- A produção de cristal líquido quase indisponível no ocidente
- Arquitetura de circuitos eletrônicos
- Circuitos eletrônicos flexíveis
- Filmes dopados
- PET dopado com ITO
- Processo de gravação e revelação fotográfica
- Processos de gravação e revelação de imagens de circuitos
- Silkscreen para circuitos com uso de tintas condutivas
- Tecnologias do processo de *sputtering*
- Tintas elétricas condutivas

Uma nota ao leitor sobre dopagem de materiais, a sua utilidade, usos e seus processos será explicada a seguir. O processo de dopagem ou *coating material* se baseia em uma pintura por pulverização catódica de um material em um superfície material não condutora elétrica, formando uma fina camada condutora de poucos micrometros. Sobre essa camada é gravado algum desenho ou pontos que poderão ser usados para formar um LCD. O principal processo para a pulverização catódica é conhecido como *sputtering* que é o processo de deposição catódica na superfície de um material. Geralmente usando a dopagem ou cobertura com uma fina camada de tinta ou pó condutor, como e.g., o ITO em vidro ou PET cristal com a deposição catódica. De forma geral, e academicamente esses processos envolvem muitas variáveis, e no caso exemplificado se baseia na eletrônica de primeira geração e segunda, bem mais simples as atuais tecnologias, longe ainda do topo tecnológico de alta produção. E sobre esses temas que são gargalos a reindustrialização no ocidente, podemos considerar que em tempos de internet, além das excelentes publicações acadêmicas e editoriais, podemos complementar com sites, publicações digitais e canais de vídeo na Internet. E a este caso, há dois que exemplificam o nível que indústrias que almejam atingir níveis sofisticados em ciências, no topo da tecnologia devem se basear. Como exemplo, canais em inglês em vídeo, mas que podem ser vistos com legendas são o *Applied Science*™ e o *The Thought Emporium*™.

Sobre sofisticação tecnológica, outro caso interessante é o relógio. Mais especificamente, sobre o motor dos relógios, sua mecânica e todo o conjunto de engrenagem como um todo, ao decompor essa máquina temos uma série de peças interconectadas com alta precisão. O processo mais comum se baseia em cada operador receber uma das centenas de peças em uma bandeja, bastando montá-las, é um processo complicado e que geralmente envolve habilidades manuais humanas, sobre inovação neste ramo estaria em um arranjo para realizar esse processo industrial no ocidente. A seguir, na tabela 4, apresentamos ao leitor algumas empresas desenvolvedoras, produtoras e que apenas trabalham com alta tecnologia, aos leitores que quiserem se aprofundar no tema, é recomendado que conheçam a fundo cada uma dessas empresas, seus produtos, e tentem imaginar onde poderiam ser aplicadas em inovadoras e complementares tecnologias. É um trabalho árduo, mas que com o tempo poderá até mesmo resultar novos nichos de negócios, além de melhorar o próprio conhecimento e currículo sobre tecnologias de ponta.

Tabela 4 – listagem de companhias de alta tecnologia eletrônica

Algumas companhias que operam com alta tecnologia eletrônica pelo mundo		
AB SA	Panasonic Corp	PT Erajaya Swasembada Tbk
Amica	Pan-United Corp	Rational AG
Arçelik	Guangdong Xinbao Electrical Appliances Holdings	Ryosan
Arrow Electronics	Hagiwara Electric Holdings	Ryoyo Electro Corp
Aucma	Haier Electronics Group	SanDisk
Avnet	Haier Smart Home	Sanistål A/S
Bajaj Electricals	Hakuto	Sanki Engineering
Best Buy	Hamilton Beach Brands Holding	Sanshin Electronics
Bic Camera	Hangzhou Robam Appliances	Satori Electric
CANCOM SE	Harvey Norman Holdings	Sears Hometown & Outlet Stores
CECONOMY AG	Hewlett-Packard	SEB SA
Changhong Huayi Compressor	Hisense Visual Technology	Senao International
Changhong Meiling	Hong Leong Asia	Serial System
Chunghsin Technology Group	HOSHIZAKI Corp	Sinosoft
CITIC Telecom International Holdings	iRobot Corp	Solar A/S
Cleanup Corp.	JB Hi-Fi	Spectrum Brands Holdings
Com7 Public	Joshin Denki	Sun-Wa Technos Corp
CONEXIO Corp.	Joyoung	Tatung Co
Conn's	Kaga Electronics	Teknosa Ic ve Dis Ticaret AS
Dixons Carphone	Kojima Co	Telling Telecommunication Holding
Ecovacs Robotics	K's Holdings Corp	Totech Corp
EDION Corp.	Laox Co	Unieuro SpA
Edom Technology	LG International Corp	Vatti Corp
Electrolux AB	Lifetime Brands	Versum Materials
Elematec Corp.	LOTTE Himart	Vestel Beyaz Esya Sanayi ve Ticaret AS
Emirates Telecommunications Group Co. PJSC	M.video PJSC	Weikeng Industrial
ePlus	Macnica Fuji Electronics Holdings	Whirlpool
FirstCash	Magazine Luiza	Whirlpool
Fnac Darty	Másmovil Ibercom	Whirlpool China
GameStop Corp	Metall Zug AG	Woongjin Coway
GOME Retail Holdings	Midea Group	WPG Holdings
Grupo Elektra SAB	Mitsubishi Corp	WT Microelectronics
Guangdong Homa Appliances	Nojima Corp	Xerox
Guangdong Vanward New Electric	Ogawa Smart Healthcare Technology	Xiamen
		Yamada Denki

Fonte: consulta direta do autor ao site dessas empresas para coleta respectiva da logomarca a compor a lista.

Estrategicamente a produção de chips e demais circuitos eletrônicos em quase a totalidade são todas feitas na Ásia, enquanto o ocidente fica dependente de produtos industriais estratégicos e vitais até mesmo para salvar vidas humanas. Segundo associações do setor médico estimaram, tempos atrás, que mais de 90% dos equipamentos médicos são importados, até itens simples como mesas de trabalho, prateleiras e suportes. Ao mesmo tempo vemos técnicos, engenheiros e físicos desempregados no Brasil e na maior parte do ocidente. Onde fica o equilíbrio econômico diante dessa balança que só pende para locais distantes e o que nos sobra é o desemprego, crises econômicas e prejuízos produtivos diversos.

22. A indústria de instrumentação, analítica, farmacêutica e seu potencial

A indústria analítica, química e farmacêutica possui alto potencial de geração de tecnologias, negócios e empregos de alta qualidade, sendo uma indústria agregadora, ramificada e de arranjos produtivos complexos e com amarramentos lógicos de calda longa na economia, gerando novas empresas e sustentando muitas companhias direta e indiretamente, e induzindo em seu percurso natural a melhoria, desafios tecnológicos e gerando inovações, aprendizado e muitos empregos. Seja um envase especial, um novo sistema de blisters, uma esteira diferente específica a um produto ou uma sala limpa com alguma nova tecnologia que precise ser desenvolvida, essas indústrias desses setores são indutoras e promotoras desse desenvolvimento, promovem indiretamente o progresso também em outros setores de toda a economia. E além dos negócios e empregos naturais, nas suas operações há grande potencial em geração de inovadores negócios ao longo de toda sua cadeia, e.g., fazer uso de comércios atuais e profissionais de consertos de linha branca para desenvolvimento de novos produtos é uma opção de possíveis novos negócios. Há muito espaço para o desenvolvimento da indústria de instrumentação, analítica e farmacêutica na economia. Essas indústrias são consideradas analíticas por trabalharem dentro ou próximo da fronteira científica. Em sua produção normal exigem o trabalho de pessoas altamente qualificadas e o desenvolvimento constante de novas tecnologias, pesquisa, desenvolvimento e inovações. Considere a análise como o exame fazendo uso de ciências exatas de cada parte de um todo, com o objetivo de conhecer-lhe a natureza e suas funções. A indústria farmacoquímica é um ramo tecnológico e científico classificado na indústria como complexo e que trabalha com síntese de moléculas e a sua estabilização para o consumo ou usos industriais. Assim como diversas outras aplicações tecnológicas, além de gerar tecnologias inovadoras de estabilização de moléculas, ou seja, para manter moléculas complexas de pé. Não seria viável anexar sequer uma tabela com o nome dos insumos farmacêuticos, sequer uma lista, já que seria inviável tamanho do volume de termos. Há dicionários e catálogos bem elaborados que descrevem bem milhares de insumos deste ramo, seus princípios ativos farmacêuticos, uma lista completa com os insumos farmacêuticos ativos, inclusive em formato de dicionário. Tamanha importância da indústria farmacêutica, talvez se não fosse a indústria farmacêutica não teríamos atualmente os refrigerantes como a Coca-Cola, sem falar no alívio do sofrimento para bilhões de pessoas e animais. Um exemplo cristalino de maleabilidade, ciência e inovação é a multinacional Kodak e sua alta capacidade inovativa e maleável de desenvolvimento, esta empresa tecnicamente sempre foi uma empresa físico-química, se tornou uma lenda das fotografias em papel e na atualidade adentrou no ramo farmacêutico, para pesquisa e produção de insumos farmacêuticos ativos.

A indústria analítica

Honestamente, há uma semelhança e praticamente em muitos casos são a mesma a indústria de instrumentação industrial e analítica, podendo ser colocadas ambas no mesmo balaio de instrumentação, mas neste estudo decidimos separar porque na área específica de analítica há muito trabalho acadêmico antes de se chegar à instrumentação de fato. Portanto, neste parágrafo para que não haja confusão e pela importância de sabermos de onde vêm as coisas, a analítica será tratada aqui como o trabalho acadêmico puro que é de onde surgem as próximas indústrias que são a indústria de instrumentação analítica e a farmacêutica.

A indústria de instrumentação industrial

Na indústria de instrumentação podemos dizer que cada peça é uma engenharia complexa que faz parte de um corpo ainda mais complexo.

A este aspecto podemos considerar a frase do próprio autor desta obra: "*a engenharia é como montar quebra-cabeça no qual as peças precisam ser encontradas ou criadas e cada peça é uma questão complexa a ser analisada, compreendida e respondida antes de colocá-la em seu devido lugar final*".

A indústria farmacêutica

Não é preciso uma apresentação para sabermos a importância subliminar dessa indústria que além de gerar ciência avançada e puxar toda uma cadeia de progresso é uma indústria que vive de salvar vidas, e transforma essa benfeitoria em lucro e empregos para milhões de pessoas pelo mundo.

Podemos ainda considerar o detalhe importante sobre as indústrias analíticas, farmacêuticas e de instrumentação que se refere ao detalhe que trabalham com informação condensada, analítica, científica acadêmica. Toda a sua manufatura e competição no mercado se baseia na pesquisa acadêmica científica e tecnológica. Sem investimento em pesquisa e desenvolvimento constante essas indústrias não se sustentam. Ao não se sustentarem, levam juntas toda uma cadeia de outras empresas e pessoas que vão retornar ao desemprego. Seria desgastante ao leitor listar a quantidade de ótimas indústrias do ramo analítico e farmacêutico, neste ramo há milhares de oportunidades, apenas analisando uma grade curricular de qualidade está ao redor de cem disciplinas, citando apenas umas cinco disciplinas na área farmacêutica teríamos: espectrometria na região do infravermelho, processos com emulsão, síntese e estabilidade de moléculas, cromatografia, equivalência farmacêutica e bioequivalência, espectrofotometria de fluorescência, além de muitas outras. Apenas essas cinco disciplinas já contemplam amplo nível de intelectualidade tecnológica. Referente à indústria de instrumentação temos a produção de equipamentos como manômetros, analisadores de gás, medidores de fluxo, medidores diversos de máquinas, termômetros, acionadores elétricos, acionadores fluídicos e milhares de outros instrumentos laboratoriais e físico, químico, digital, analógico e tantos outros que essas indústrias para produzir essas obras de arte tecnológicas necessitam de alto nível científico e acadêmico.

23. A reindustrialização e o paradoxo da calculadora portátil

Conforme já discutido, podemos considerar a reindustrialização em duas vertentes, pelo topo de cadeia tecnológico ou pela base produtiva mais simples, no caso, promover indústrias que produzam itens populares. As opções ficam em produzir produtos com alto valor agregado ou baixo valor agregado, sendo o ideal a diversificação e ocorrer a produção de ambos. Nesta dualidade ainda há o caso da seleção da produção pelo menor valor agregado ou pela margem mais reduzida que se possa encontrar no mercado, fazendo uso de seleção de produtos. E pelo índice de seleção o produto escolhido foi a calculadora portátil compacta por ser um produto peculiar que atendeu o índice de seleção para produto com baixa margem de lucro, com características únicas. É um produto praticamente não feito no ocidente, possui diversos componentes, geralmente montados a mão, é um produto que necessita de certo nível de ciência e tecnologia. Além do mais o produto é saturado no mercado com margens esmagadas de possível lucro e mesmo assim ainda há mercado e é um produto um pouco ultrapassado tecnologicamente, dada a popularização dos celulares que já vêm com calculadoras embutidas em seu software. Diante de um produto com características peculiares e tão desafiadoras tecnicamente, produtiva e comercialmente. Este estudo selecionou este produto como ponta de lança para o estudo de reindustrialização. Portanto, tentamos formular o paradoxo da calculadora portátil, como um desafio a qualquer país que queira se reindustrializar. Se conseguir formular arranjos produtivos e conseguir vender esse desafio para gerar algum rendimento, certamente, será um passo para as outras tecnologias e indústrias.

Sobre reindustrialização poderíamos considerar a indústria automobilística, mas conforme podemos acompanhar, a indústria de veículos está passando por um ponto de transição disruptivo, portanto, não seria compatível a esse desafio, já que seria o oposto ao se buscar um produto veicular elétrico seria o topo de cadeia, mas por que não a indústria eletroeletrônica? É neste ponto que esta parte do estudo apresenta o paradoxo da calculadora de mesa ou a calculadora portátil. Definindo o paradoxo podemos o considerar como um pensamento diferente do senso comum, em resumo, sair fora da rota comumente aceita. A ideia básica consiste que devemos seguir um passo de cada vez, já querem a reindustrialização sem passar pelo básico? Não obstante, ações por mais tecnologias começam por definir planejamentos.

- Desenvolver e fazer a calculadora e não somente revendê-las?
- Desenvolver e fazer o chip e não somente revendê-los?
- Desenvolver e fazer o motor do relógio e não apenas o seu corpo?
- Desenvolver e fazer o motor elétrico e não apenas a carenagem?

Até mesmo o silkscreen ainda possui grande potencial industrial, e a manufatura da mais simples possível é a que deve gerar empregos em volume. A seguir, na imagem 9, podemos verificar a decomposição de uma calculadora compacta simples, desmontada em uma fotografia. Para países desindustrializados os itens mais complexos envolvem o item 8, 11 e o 7 da imagem 9 que é o display LCD monocromático e o circuito impresso flexível que são os gargalos principais mais sensíveis da reindustrialização de muitos países. Como se observa é um produto considerado simples e ultrapassado em termos, mas que demonstra claramente boa parte dos gargalos da reindustrialização do país.

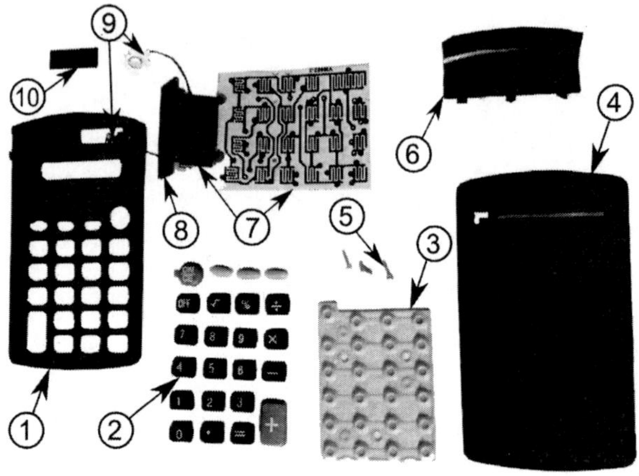

Imagem 9 – decomposição e demonstração da listagem de componentes de uma calculadora compacta.

A seguir está descrito os componentes para o processo de produção de uma calculadora compacta.

Itens

1. Corpo design frente
2. Quatro tipos de botões injetados e pintados com silkscreen
3. Borracha de silicone com mola para botões
4. Corpo do fundo com design de suporte a pilha
5. Parafusos para unir o corpo da calculadora
6. Tampa da pilha fixação no suporte de fundo
7. Circuito flexível PET dopado com tinta condutiva
8. Display LCD com cristal líquido para os sete segmentos
9. Suporte de contato e mola pilha
10. Lâmina PET solar

Com nota sobre esses processos, são apenas um exemplo de como são produzidas e o quanto são possíveis de serem feitos, e demonstram que uma malha industrial mais completa é a busca por mais industrialização envolve também a busca pela produção de itens eletrônicos complexos. O LCD monocromático de primeira geração apresentado, realizado pelo processo de *sputtering* ou deposição catódica de material condutor no vidro é apenas parte do processo. O fato é que dominando o processo de produção desse item geraria o domínio do LCD mais simples, abrindo caminho para a produção de telas de LCD mais complexas e sofisticadas, como as usadas em equipamentos analíticos e médicos. Como conclusão prévia podemos dizer que embora pudéssemos selecionar outro produto este exemplo é um dos mais desafiadores e caiu como uma luva ao desafio para a reindustrialização seja no Brasil ou outro país. Ao ponto no qual formulamos o paradoxo da calculadora portátil. É um paradoxo, além de desafiador é extremamente contraditório, sendo o produto escolhido repleto de contradições técnicas e comerciais. Sendo um produto eletrônico de primeira geração, embora ultrapassado ainda tem mercado consumidor, é um produto simples de produzir, mas com tecnologia não comum no ocidente. E um produto com diversos componentes que exigem habilidades e processos produtivos possíveis. Nada que uma microempresa não possa facilmente começar a produzir.

24. Lados diferentes e a importância de seguir a vocação local

Construir um castelo antigamente levava mais de três gerações, incluindo desenhos e projetos, busca por matéria-prima, teste e recursos. Já na atualidade, se houver recursos, um castelo pode ser construído em poucos meses. As tecnologias na atualidade e a organização dos processos chegaram a um ponto singular de eficientismo que elevou muito as capacidades de produção, no entanto, antigamente havia o pensamento de se pensar e coordenar a longo prazo. Algo que é raro hoje em dia, onde tudo é para anteontem e na política a preocupação está mais na reeleição do que em projetos ou na própria cidade ou país. De toda forma, como em matemática, as variáveis dos negócios se inter-relacionam, e empreendedores devem ter ou adquirir a habilidade de embaralhar e saber jogar e calcular, cautelosamente, essas variáveis em seus negócios e produtos. Seguir a vocação local é uma adequação dos locais aos negócios como discutido sobre anúncios outdoor. Tomando como caso de estudo a cidade de São Paulo no Brasil. Segundo a associação hoteleira de São Paulo, o maior contingente de ocupantes da rede hoteleira é de negócios, e segundo o instituto Investe São Paulo, o turismo de negócios representa algo como 72% ou mais, no caso são pessoas que vêm a cidade por motivos de negócios. Outra grande parcela de turismo é a de necessidade, o chamado turismo por atendimento médico, são pessoas que vão à cidade atrás de consultas médicas, já que a cidade é um grande polo nesse ramo. Provando que algumas cidades têm vocações específicas a negócios corporativos e produtivos e não de arquitetura como Paris. E mesmo assim, não impedindo um setor sobrepor outro, mas apenas ter o direito de existir e assim manter a diversidade de negócios ativa.

> "*O turista de negócios, qualquer que seja sua categorização, precisa de serviços eficientes, que atendam às suas necessidades que, usualmente, são individualizadas e próprias, pois elas não se enquadram no perfil de produtos estruturados para o turismo de lazer, como pacotes turísticos ou serviços padronizados e inflexíveis.*" (Braga, 2006).

As cidades com vocação aos negócios, tecnologias, comércio, eventos corporativos, industriais, produção, devem ter preferência a sua vocação, mas sem impedir outros setores obviamente, e sem perder a mão da diversificação dos negócios, logo, democracia e liberdade de negócios para empreender. As pessoas que vão as cidades por negócios esperam desse investimento uma experiência corporativa e estão sempre antenados a novos negócios. A ideia das pessoas de negócios não é visitar a cidade para ver história e nem as quatro estações, para isso há lugares mais adequados. Todo lugar deve seguir a sua vocação comercial atrativa. Cidades modernas devem evoluir com atrativos tecnológicos comerciais. Como observamos em filmes como: a vigilante do amanhã – *Gosth in the shell.*

São exemplos do quanto há espaço para novas tecnologias, e fazer viva a vocação natural das cidades ou municípios. Como na imagem 10 pode-se notar uma cidade futurística, com drones monitorando, luzes de neon, outdoors, painéis eletrônicos e muitos comércios e negócios sendo realizados. Uma cidade viva, pulsando e mantendo empregos, um ambiente comercial, um organismo, altamente caótico, organizado, funcional e corporativo. Compreendendo o termo corporação ou ambiente corporativo como um conjunto, infraestrutura e de pessoas com afinidades comuns e de profissões, negócios e ideias organizadas e em interação reguladas por estatuto e regulamentos de liberdade de negócios.

Imagem 10 – o turismo de negócios busca em cidades oportunidades e nestes locais homens e mulheres de negócios esperam uma cidade com infraestrutura corporativa de ambiente de negócios, preferencialmente com muitos anúncios e não um museu. Fonte da imagem: (Kane, J., 2017).

Na imagem apresentada há um cenário distópico e futurístico, podemos observar a tendência das cidades pela produção, serviços, comercial, capitalismo e empregos, um ambiente corporativo e de caos organizado. Obviamente que todos os setores possuem a sua importância e valor, mas não o direito de atropelar setores produtivos que geram empregos. Impondo uma vocação como em cidades que não possuem tal tendência. Resultando, assim, em desemprego em massa e perdas de negócios não realizados, logo, mais desemprego. Por exemplo, a pessoa que viu o anúncio daquele produto, e o comprou, gerou empregos e movimentou a economia. É um assunto escolhido para discutir pequenos detalhes de imposição que, às vezes, podem acabar com empregos. Negócios são pessoas e sua interação, assim como o contato com as informações sobre produtos e serviços que conecta a oferta e demanda. No mundo dos negócios os opostos sempre estão presentes (Martin R., 2009). Um modelo sobre esses opostos e sua interação é apresentado na tabela 5.

Tabela 5 – comparação entre metodologia, conceitos versus possíveis resultados opostos

LADO A - Oferta	LADO B - Demanda
O dono do restaurante passa cada minuto do dia repensando e buscando melhorias no seu estabelecimento	A pessoa, aleatoriamente, andando pelo local decide no momento entrar no restaurante e ser um consumidor.
O empreendedor passa anos buscando uma inovação, produto ou serviço	A demanda é gerada por produtos e serviços inovadores que não existiam.
Da ideia à prática realizada	A atração de investimentos
Promoção comercial	Resultados inesperados
Disponibilidade corporativa e negócios	Atração comercial
Geração de oportunidades	Qualificação de mão de obra e empregos

Fonte: desenvolvimento do autor

A metodologia da tabela levou em consideração a importância do pensamento integrativo nos negócios de forma simplificada.

> "*Mas e se houvesse uma maneira de satisfazer os clientes e acionistas sem sacrificar as necessidades e os interesses de nenhuma das partes? E se pudéssemos encontrar uma maneira de atender às demandas de crescimento e ainda ser um administrador responsável do meio ambiente? Para buscar a inovação enquanto mantém a continuidade de que as grandes organizações precisam para funcionar com eficácia? Esses limites binários podem ser resolvidos pelo pensamento integrativo.*" (Martin R., 2009).

No mundo dos negócios o empreendedor precisa ter alto nível de equilíbrio e resiliência, considerando que as adversidades são imensas. Muitas dessas pessoas parecem não saber como estão pensando ou que isso é diferente do pensamento comum, elas simplesmente fazem isso. Os negócios, em grande parte, simplesmente acontecem quando há cenário para isso, como o ator irá atuar se não há palco? Para haver negócios também é necessário haver o espaço, o cenário, o ambiente de negócios. Mas, um estranho pode observar, descrever e analisar os processos locais, como um investidor, e decidir apostar no local e fazer negócios. E a partir desse estudo consciente e sistemático, um método desse processo é preciso emergir. Assim o processo de inovação se inicia, estudando e observando o que já existe.

Conforme descrito, este trabalho não é puramente teórico, mas busca integrar, analisar e induzir laboratórios experimentais de negócios na busca pela geração de mais empresas e a promoção manufatureira industrial através de oportunidades na economia produtiva. E neste trecho observamos detalhes bem peculiares e locais, para uma possível futura metodologia sobre a economia real. Ao se discutir sobre a produção e suas necessidades para seu progresso, como a necessidade dos anúncios. Na economia tradicional e seus métodos, isso acaba por ajudar na distribuição de renda. O combate à concentração de renda parte desses pressupostos com a geração de mais negócios. Assim como a importância sobre a vocação de cada cidade, evitando o seu desvio de foco polpa a perda de empregos. E, por fim, a notabilidade de um alinhamento entre a vocação da cidade e o incentivo à produção, eficientismo, progressismo e desenvolvimento.

25. Como retornar os antigos negócios modernizados e atuais em uma revolução e reinvenção dos setores

Compreenda setores como áreas ou campos de atuação produtiva, comercial ou de serviços especializados que gerem recursos, empregos, e estes são responsáveis por movimentar a economia. Na economia primária, secundária, terciária, quaternária, nova economia, a economia criativa, economia disruptiva e economia virtual, há os setores agrícolas, extração, industrial de transformação, comercial, serviços, oficinas e a sombra do inesperado que ciclicamente surge com inovações. E como regra, assim como na criatividade, não há limites para remodelagem nas regras de negócios e reinventar os empreendimentos. Repensar edições de antigos setores e negócios sem que estes percam a sua essência é possível, simplesmente porque a mente humana não possui limites. Tudo pode ser remodelado, reinventado, ter seus processos modernizados, e.g., quantas regras de negócios possuem espaço para modernização e encadeamentos complexos competitivos. Podem ser modernizadas sem perder sua essência cultural, mantendo os produtos e serviços tradicionais que podem ser modernizados sem perder seu cerne.

Como exemplo, uma modernização na arquitetura das bancas de jornal de rua, para atrair mais clientes, oferecendo os mesmos produtos, basta lançar esse projeto a arquitetos e os mesmos apresentam propostas magníficas e de custo baixo.

Não é questão de apenas mudar o formato, envolve diversas ações, como instalar no teto desses negócios painéis solares em parceria com empresas desse segmento, e assim, reduzir os custos das bancas com energia e outras aplicações digitais ou modernizações. Por qual razão não pensarmos na volta da lista amarela impressa com nome de empresas locais, se isso geraria empregos e novos negócios de editores a gráficas, por qual razão não tornar barbearias em lojas também com *vending-machines* de produtos específicos ao seu público. Ao geral uma loja qualquer ou feira de rua podem ser modernizadas e remodeladas. Não há limites para novas formas de fazer as coisas e ao mesmo tempo mantendo a sua essência original.

Tomando como exemplo de estudo de caso um modelo de negócio famoso, que sirva de exemplo aos demais modelos de negócios. Com o objetivo de se pensar nas coisas como são e como poderiam ser, usando inclusive técnicas de processos industriais. Quando se fala em modernizar bancas de jornais, muitos compreendem isso como transformar as bancas em barracas de camelô, ou numa lojinha. Mas, a ideia não é essa, e sim modernizar sem tirar a função e a essência das bancas originais. Ou seja, modernizar a arquitetura dessas, ao invés de uma lata, um formato mais moderno e funcional mantendo o incentivo à leitura de revistas, jornais e publicações. Um projeto padrão feito por arquitetos, oferecendo um ambiente agradável e chamativo a mais clientes. Por exemplo, nas bancas poderia haver espaços publicitários modernos externos, espaço para incentivo e divulgação de lançamentos de livros, revistas, e artigos culturais. Um brainstorm neste ramo iria resultar em muitas ideias culturais, para gerar mais receitas e incentivar ainda mais a leitura, sem retirar a essência das bancas atuais. Esse exemplo usando bancas de jornais é apenas um exemplo de caso e pode servir a vários outros segmentos.

Outra opção seria a modernização dos ônibus, a este caso, há milhares de possibilidades envolvendo muitos meios, um assunto multidisciplinar que envolve engenharia mecânica, meio ambiente, eletrônica, engenharias diversas e disrupções. Inovações em transportes é um setor que há mais inovação teórica do que aplicada, como na engenharia mecânica está repleta de inovações que podem ser aplicadas, mas ainda não saíram do papel. Alteração de peso com novos materiais compósitos, novas fontes de energia, combustão e elétrica, novos formatos, arquiteturas futuristas, inovações nas rodas, vidros e em todo o conceito, seria só a ponta do iceberg em inovações no setor de transportes. Sem esquecer que na maioria das cidades, municípios e microrregiões estão faltando bancas e livrarias, e muito pelo contrário, não devem ser retiradas ou transformadas em lojas, e sim incentivadas a se manterem como sempre foram, inclusive com subsídios, mas para cumprir seu papel de promoção cultural e informativa. A lista é grande de casos que poderiam ser destacados ou estudados. Para exemplificar poucos casos, a câmera fotográfica como a Kodak™ foi um feito magnífico, chegou a um nível de perfeição esplêndida. Uma caixinha portátil, leve e com alta qualidade, com um filme que poderia ser revelado e obtinha-se uma foto de alto nível em papel de alta qualidade. Quantos empregos essa maquininha não gerava, das empresas de papel aos filmes e serviços. As indústrias que a produziam, as lojas especializadas de revelação, e lojas de venda de artigos, os fotógrafos profissionais, interações e negócios em toda parte baseados nessas pequenas máquinas leves e portáteis.

A digitalização veio e acabou completamente com esse mercado. A Kodak™ continua fazendo filmes fotográficos para profissionais do ramo fotográfico, e para a indústria de solda. Mas, também se remodelou usando a sua expertise em química em uma metamorfose gerou um setor industrial de farmacoquímica. As empresas de buscadores de Internet surgiram digitalizando o modelo de negócio das listas telefônicas, e com essa ação junto às companhias telefônicas de anúncios de empresas, editores e gráficas que geravam vários empregos também foram aniquilados, tudo para digitalização provocando concentração de renda. Grupos criaram toda uma novela sobre o papel, afirmando de joelhos no chão que ao se usar papel nas empresas o planeta estava sendo destruído. Tudo para cortar custos, como sempre, corte de custos e eliminação de mais mão de obra dos processos. Há diversos exemplos sobre isso envolvendo reduções de custos. Se o mundo caminha para a mesquinharia, o mundo digital caminha a passos largos para a concentração de renda total. Correções pelo estado e por novos sistemas econômicos devem surgir para corrigir essas disparidades. Com atenção especial aos incentivos industriais.

Em uma situação de total concentração de renda é necessária atuação do estado e agentes inovadores, logo, revidar com novos sistemas econômicos alternativos de escape e que confrontem as imposições econômicas, assim como revirar regras de negócios em busca de disrupções.

Se há no mercado os meios para evitar abusos econômicos, como antitruste, antimonopólios, *anti-insider trading*, seguro-desemprego, bolsas e outras formas de aliviar ou corrigir abusos sofridos, problemas e distorções econômicas no mercado, não é impossível surgir meios para ao menos reduzir a concentração de renda. A ideia aqui não é listar todas, mas trazer essa reflexão sobre a necessidade de novos meios de corrigir e aliviar essas distorções que estão se tornando cada vez piores; causadas também pela automação em massa e negócios disruptivos. Qual é a razão de não haver meios para se evitar os abusos excessivos de concentração de renda e de aniquilação de mercados? Por essa razão aqui levanta-se a questão referente a importante questão de se repensar os modelos de negócios impostos e os questionar. É necessário mais do que um brainstorm para pensar soluções e alternativas contra os abusos econômicos geradores de problemas sociais. É preciso uma união e coalisão que busque alternativas a extrema concentração de renda. Um novo modelo produtivo, um novo sistema econômico alternativo que trabalhe em paralelo com as imposições improdutivas, que seja legalizado e ao mesmo tempo combata a concentração de renda. Uma alternativa rápida é a reindustrialização forçada. Condições favoráveis de negócios produtivos manufatureiros, oportunidades e empregos devem ser criados por todos os meios disponíveis.

Uma metodologia de espaços intensivos de diversificação de negócios em todas as frentes para uma economia híbrida

Quando há diversidade econômica há uma união, e dessa fusão novos arranjos e negócios inesperados surgem, um caso perene do pensamento integrativo junto a necessidades e a regras de negócios inovadores, integrados, inesperadas e de cadeia de integração longa. Neste caso a metodologia seria mapear os problemas, as competências, os negócios, a geografia, disponibilidades e priorizar através de especialistas junto ao estado polos industriais em regiões com alta concentração de pessoas que é onde há mais desigualdades. Projetos realizados por urbanistas, paisagistas, ecologistas e técnicos industriais para que as coisas ocorram atendendo o máximo de interesses. E acima de tudo, gerando ambientes de negócios vigorosos. Agregando valor aos ambientes com inovação e de forma integrativa. Junto a urbanistas, como dito, gerar polos integrados e diversificados, especialmente industriais de manufatura junto ao meio ambiente, e áreas densas comerciais que agreguem qualidade em empregos às pessoas. Por meio de progresso, incentivos e economia real, altamente diversificada, modernizada e produtiva. Fazendo o pensamento integrativo funcionar e a metodologia de unificar capacidades intelectuais e produtivas nutridas e semeadas nesses polos de produção que abririam espaços próximos às grandes cidades para negócios de produção intensa, a servirem de modelos a serem replicados a pequenas cidades e evitar grandes deslocamentos de pessoas de suas cidades, causando, em alguns casos, péssima qualidade de vida. E acima de tudo buscar meios para uma reindustrialização. Mas como se daria uma política industrial indireta de forma realmente eficiente? Uma estratégia seria por meio da conscientização de comerciantes, estes também têm poder para ajudar a reindustrialização ao selecionar os produtos que revendem, priorizando os produtos nacionais.

Ao surgir um pacto entre comerciantes, ao qual estes agentes econômicos priorizem a compra no atacado de produtos nacionais, estes contribuirão com a reindustrialização e a geração de empregos. Se cada comércio fizer isso, as indústrias ganharão força. Hoje em dia, até em papelarias, em muitos casos é difícil achar produtos nacionais, quase a totalidade é de importados. Reverter esse quadro, somente com a colaboração de todos. E os comerciantes têm papel fundamental na reindustrialização do país. Com mais indústrias, os países ficam mais fortes, a economia se fortalece e os resultados voltam aos comércios com mais gente empregada consumindo. É como uma teia, se um dos fios for danificado toda a teia sofre estruturalmente. Obviamente, essas soluções são poucas diante do que seria necessário, mas já apresentariam resultados imediatos e de curto prazo. Portanto, reinventar os antigos negócios modernizados, a incluir as microfábricas e oficinas de garagem e a busca por meios alternativos para gerar emprego e renda devem ser incentivados e em colaboração tornar tudo isso real.

26. Alugue um espacinho a um empreendedor

O ramo de corretores de imóveis possui um enorme potencial para novos pequenos negócios com o compartilhamento de espaços em todos os setores produtivos, e neste caso, um dos ramos que pode ser incentivado é o de pequenos negócios dentro de outros negócios. Uma prática já existente, mas que ainda possuí grande potencial com a Internet, incluindo espaços compartilhados para comércio, algo já comum em escritórios. Os corretores de imóveis comerciais diariamente recebem demandas por imóveis comerciais com custos de aluguéis reduzidos, e normalmente os valores de aluguel não são reduzidos. Mas, poderiam ser reduzidos se aplicarem técnicas de compartilhamento de aluguéis. Por exemplo, um empresário vai locar um espaço para uma loja, mas após encontrar o local, obtém um espaço exagerado, sendo que apenas precisaria de 150m^2 e encontrou com 200 m^2. Logo, qual a razão de não alugar os 50m^2 ociosos para outro empreendedor, aplicando divisórias e portas separando os ambientes? Ou em casos menores, em uma pequena ou microloja, se o local tem 25m^2, por qual motivo o dono não locar um espaço excedente? Como em frente da loja, algo como 1m^2 para algum empreendedor, artesão, um chaveiro e carimbo ou anúncio, ou até mesmo colocar uma simples máquina de sorvetes moderna. Em resumo, falamos da imensa possibilidade que há no negócio de aluguel compartilhado, desde que oficializado em contratos. Aluguel e uso compartilhado de espaços comerciais é uma tendência em todos os setores, inclusive em indústrias. E indo um pouco além, até ambientes de produção verticais poderá ocorrer, ou seja, fábricas leves em prédios.

A seguir serão listados alguns exemplos e possibilidades de negócios por pequenas máquinas: sorvetes, churros, chaveiros, máquinas de balas, máquinas de moedas e doces, máquinas de venda automáticas e negócios baseados na integração digital com negócios tradicionais como a venda de serviços, planos e pacotes, moedas digitais e *vending machines*. Esta seria uma forma de exemplificar como pessoas desempregadas poderiam obter uma ocupação. Vamos considerar que se houvesse uma união, uma associação entre sindicatos representando as pessoas, união entre representantes de empresas produtoras de máquinas e sistemas de vendas para pequenos empreendedores e imobiliários. Assim como associação de desempregados pelas agências de empregos, e outras entidades representativas sociais. Com o intuito de formar arranjos para ocupar o máximo de pessoas e servir de alternativa à informalidade. E assim, pela união de todos, com a associação comercial e empresas imobiliárias, realizar um levantamento e um mapeamento de espaço e pontos viáveis pelas cidades inteiras. E junto a empresários já bem estabelecidos, neste caso, primeiramente focar no comércio e à medida que a rede for se fortalecendo, ter um espaço para distribuição de outros ramos. A ideia seria simples, alocar espaços comerciais de baixo custo por meio de parcerias e com empresas produtoras de máquinas, equipamentos e serviços populares para pequenos empreendedores sem prejudicar negócios já estabelecidos. Uma união geral entre fabricantes, imobiliárias, corretores e sindicatos, e alocar o maior número de pessoas com uma ocupação e máquinas em comércios já estabelecidos. Obviamente que passa longe do que vemos na atualidade, será uma revolução com as novas tecnologias 5G, Internet das coisas e automação inteligente em comércios e serviços. Em parcerias teria como vantagem, por exemplo, máquinas e automação na frente de estabelecimentos, operadas por pessoas remotamente. Em parcerias para combater o desemprego e ajudar na ocupação das pessoas, neste caso, o comerciante, dono do ponto, teria duas opções: locar o espaço em troca de uma porcentagem das vendas ou comprar a máquina *vending machines* modernizada e em parceria com operadores dividir os lucros das vendas, além de outros arranjos comerciais criativos em serviços, comércio, indústrias ou novas economias.

A proposta seria a união de diversas empresas fabricantes por meio de suas associações, em uma união com o sistema imobiliário se unirem para customizar e gerar arranjos para usar espaços ociosos nas lojas, e demais estabelecimentos. Ou seja, pelo aproveitamento mais eficiente e intensivo dos espaços comerciais com inteligência, automação e venda de produtos nacionais, trazendo mais opções e mais possibilidades e geração de ocupações. Ocupando e empregando mais pessoas. Embora possa parecer algo trivial, seria uma forma de empregar muitas pessoas e lhes trazer uma ocupação formal. Embora, em muitos casos, o valor conseguido não seria suficiente para pagamento de aluguel, por exemplo, para isso seria interessante desenhar algum arranjo ou modelo que pudesse compensar este feito. Neste caso, com automação e máquinas inovadoras de venda como as *vending machines*. Os arranjos tecnológicos são infinitos, sem contabilizar as parcerias possíveis com empresas. Resumindo, conseguir e gerar novos e inovadores arranjos, para manter mais pessoas empregadas. A seguir uma lista de algumas opções no Brasil de fabricantes de pequenas máquinas para a venda direta nas ruas ou para a produção, como na tradicional produção de porão de garagem, ou de fundo de quintal que seja, assim como arranjos para auxílio a artesãos, economia criativa e principalmente incentivo estatal e promoção a cadeias produtivas complexas, como as indústrias, com incentivos fiscais a indústrias. A seguir uma lista de empresas produtoras e locadoras de máquinas interessantes a empreendedores.

Lista de empresas produtoras de máquinas e locação de *vending machines*	
www.agrotama.com.br	www.diferencialprint.com.br
www.altechindustria.com.br	www.mandabala.com.br
www.bralyx.com	www.maquinatec.com.br
www.centermaq.com.br	www.nortebrasilmaquinasdesorvete.com.br
www.cetroloja.com.br	www.rimaq.com.br
www.chigueto.com.br	www.sorveteexpresso.com.br
www.vendingvitrine.com.br	www.tecsoft.com.br
www.clauwan.com.br	www.classiccoffee.com.br

Lista de nomes de empresas pela pesquisa do site

Complementando as informações, poderíamos ainda listar alguns dos produtos que não sejam concorrentes para evitar que acabem prejudicando ou fazendo concorrências com os estabelecimentos que ofereçam os imóveis, neste caso, é importante ter uma lista mapeando as opções e as completando. Seria uma tarefa aos caçadores de demandas. Uma vez que haja possível disputa ou concorrência, neste caso, talvez fosse mais interessante ter uma máquina de *vending machine* ou outro arranjo? Tudo feito de forma a não prejudicar nenhuma das partes e todos ganharem de alguma forma. As opções são enormes para todos os tipos de negócios.

O objetivo deste texto é apresentar ao leitor algumas reflexões. No momento, com a comunicação 5G, tecnologia onipresente, iOT internet das coisas, e novas inteligências em automação, como usar pequenos motores, pneumática, e programação compactas em lojas para que esse equipamento pegue no estoque mercadorias, ou apresente rapidamente aos clientes. Há estudos em comércio que muitos clientes deixam o estabelecimento por ansiedade, e não têm paciência para esperar. Equipamentos mecânicos que tragam velocidade ao comércio seria uma solução a este caso, que seja em uma padaria, para pegar algum item. Além da iOT há centenas de partes ou peças a serem conectadas, como em automação e mecânica, podemos citar o equipamento complementar a este caso, além de esteiras aéreas, braços *pick-and-place*, sistemas pneumáticos silenciosos interligados em CI circuitos integrados de resposta rápida, e muita lógica de programação comandando as regras de negócios virtuais e físicos. E tudo isso unido ao mercado publicitário moderno. É evidente o potencial que toda essa inovação possui em seu bojo, com expressiva capacidade de geração de empregos. Dentro dos possíveis arranjos de compartilhamento haverá muito espaço para novas tecnologias, da automação até mesmo tecnologias de microgeração de energia para consumo próprio.

De qualquer forma, estariam encerradas as possibilidades para se conseguir ocupações para mais pessoas? Óbvio que não, com essa rede formar-se-ia uma malha e disponibilidade juntamente à criatividade das pessoas e novos nichos iriam aparecendo, à medida que haveria a disponibilidade e o ambiente positivo para mais negócios, principalmente mais espaço comercial e produtivo. Neste ponto, um site classificado que ofereça esses pontos compartilhados já formaria novas possibilidades para negócios e empregos. Deixando acontecer e promovendo e incentivando os negócios. Em uma união geral para criar uma malha de empregos e ocupações, cada pessoa contribuindo com sua especialidade, envolvendo a todos, acadêmicos, urbanistas, paisagistas, estado, indústrias, comerciantes, inventores, e em todas as frentes promover negócios ambientais intensivos de desenvolvimento.

27. Uma revolução nos produtos de borracha e plástico - A busca por um método de inovação

Este assunto, ao mesmo tempo em que pode gerar, pode destruir empregos, a medida é de acordo com as possíveis tecnologias adotadas na economia verde. Mas, o ambiente de negócios moderno é inovador e se retroalimenta pela destruição de modelos ineficientes para modelos mais dinâmicos. Como uma fênix, tanto é assim que a palavra da moda é o termo disruptivo que é onde há as oportunidades de negócios dos grandes capitais especialmente. Como exemplo, qualquer pessoa com recursos financeiros pode abrir um aplicativo de transporte, ou marketplace, uma fintech ou mesmo uma rede social. Porém, para entrar nestes mercados já bem servidos são necessários altos investimentos, como chegar ao mercado oferecendo frete grátis, fim de taxas, achatando as margens de lucro ao máximo, e em boa parte dos casos até absorvendo o prejuízo por um longo tempo. Logo, o jogo permanece assim por tempos, e só quem tiver capital a perder de vista suportará por longos períodos antes de quebrar ou sair desse vale da morte. No entanto, quem sair, encontrará um mercado já acostumado a muitos benefícios, e subir preços ou cobrar fretes com valores normais se torna difícil. Portanto, o negócio torna-se inacessível para os pequenos empresários. Diante destes altos desafios, os empresários ainda encontrarão clientes muito bem-informados, com exigências novas em relação às boas práticas empresariais, éticas e ecológicas. Toda a questão gira em torno da demanda. Como conseguir competir com tantos concorrentes? Essa é uma questão que mesmo com respostas está se tornando difícil de responder. Não obstante, ao nivelarmos a todos sobre esse novo mercado altamente agressivo em competição extrema que está se formando, vamos focar na questão do meio ambiente que dependerá de domínios em ciências, tecnologias, infraestrutura, a importância de haver regras, regulamentações e estratégias diversas.

Neste caso, vamos discutir aqui sobre os calçados e em especial os chinelos e o caso da poluição desse material no meio ambiente. Uma simples lei que obrigue as pessoas a entregar pilhas usadas, chinelos e outros produtos de materiais complexos para reciclagem, em pontos específicos, como em supermercados, bancas de jornais e em outros pontos de coleta obrigatórios já removeria toneladas de resíduos do meio ambiente. Em um consórcio entre produtores, estado e comerciantes, para o descarte correto, já ajudaria muito o meio ambiente. Outra opção é a instalação em ferros velhos e pontos de coleta de reciclados, máquinas de moagem de materiais, como borracha, essas máquinas entregues nestes pontos por meio de parcerias, arranjos econômicos e até subsídios. O que se busca explicar é que a proteção ao meio ambiente é algo que o cliente já cobra, e precisa apenas de auxílio para também colaborar. E neste imbróglio há oportunidades de geração de empregos, renda e até trazer mais funções comerciais para estabelecimentos que poderão inclusive empregar mais pessoas. E em que ponto repensar a mudança desse setor poderia gerar empregos, seja pela mudança dos processos, novas tecnologias, uso de materiais alternativos e outros meios. O objetivo é apresentar uma visão global sobre os setores, para que o leitor use estes conceitos e compreenda que é possível uma metodologia para inovar e participar em setores já conceituados. Ou seja, como empreendedores, sempre devem-se perguntar: por que razão este setor funciona assim, qual a razão de usarem este tipo de material e não alternativas diferentes, ou por que esse setor parece não se modificar e com o tempo usar mais tecnologias? Questionando muito e lendo muitas publicações sobre algum setor, qualquer que seja, acaba-se compreendendo o setor profundamente e em detalhes, e assim é possível encontrar gaps dentro do setor que poderão ser atendidos com inovação e novos formatos de negócios.

Infelizmente, calçados populares como os chinelos, também conhecidos como *flip-flop*, produtos feitos majoritariamente de plástico e borracha, são danosos ao meio ambiente. E a sua flutuabilidade piora a situação. Se os plásticos ao menos afundassem e não boiassem, talvez fossem menos danosos? O fato é que é preciso repensar os calçados que usamos, desde o simples chinelo/flip-flop até mesmo o tênis, sapato e outros. Encontrar pela tecnologia de materiais um meio de produzir de forma puramente ecológica e biodegradável. As ciências de materiais avançaram a passos largos, materiais novos, resilientes e inclusive ecológicos. *"É importante reconhecer que, com o aumento do conhecimento químico sobre os sólidos porosos, muitas matrizes puderam ser sintetizadas por métodos de preparação relativamente simples e que utilizam insumos de baixo custo"*. (Ferreira, 2007).

Como empreendedores, imagine criar produtos plásticos e de borracha biodegradável ou poroso que afunde se for descartado de forma irregular se parar em rios ou no mar. Para isso, seria necessário consultar biólogos. Obviamente, o ideal é nenhum poluente parar nas águas, mas se ocorrer, qual a pior poluição no fundo do mar e rios ou flutuando seria mais prejudicial? Considerando ainda, ao longo do tempo, as partículas que vão se desprendendo e hora ou outra poderão flutuar e contaminar os animais marinhos. Como o leitor pode observar, gerar um produto ecológico que é o que muitos clientes querem, envolve muito trabalho científico, design de produtos, estratégias, engenharia de materiais, regra de negócios reversos, e regras criadas em união com todos da cadeia para encontrar meios viáveis, regulamentações e ambos em colaboração. E isso envolve todo um estudo necessário e consulta de muitos profissionais e especialistas em assuntos diversos. Até décadas atrás para uma consulta a um especialista seria necessário desembolsar muito dinheiro, e conseguir pagar testes em universidades e laboratórios. Hoje em dia há plataformas que oferecem esses serviços para pequenas empresas, microempresas e até para pessoas físicas, a preços módicos. Até mesmo testes complexos em laboratórios caríssimos existem em alguns países, disponíveis até para pessoas físicas a valores baixos. O que se pretende demonstrar aqui é que a ciência e a tecnologia de ponta estão mais acessíveis.

Se há um desafio ambiental, este é um deles e realmente enorme e nada fácil de resolver. No entanto, se for realizado irá gerar empregos e proteger o meio ambiente. Até mesmo consultando áreas especializadas como ciências de materiais não é encontrado com facilidade um substituto para o plástico e a borracha, o que não significa ser impossível. Como dito, é possível produzi-los menos densos, com poros ou combinados com outros materiais, logo, com menos material poluente. Novamente, o leitor pode se questionar: e o que um assunto ecológico tem a ver com a geração de empregos? O simples fato de alterar toda uma cadeia produtiva já elevaria a geração de toda uma nova indústria no setor, novas empresas e novos fornecedores. Mais diversidade de produtos, logo, mais empresas criadas. Tudo isso resultaria em novos empregos e renda e toda uma cadeia que iria surgir. Pense o mesmo para quantas escovas de dente não acabam nos rios e no oceano causando sérios problemas ao meio ambiente. Pense e questione sempre, não haveria um modo de fazer diferente? Um desafio mundial poderia ser lançado, como a de transformar os chinelos *flip-flop* em calçados mais ecológicos, assim como escovas de dentes e tantos outros produtos de materiais não biodegradáveis que são lançados irregularmente nos cursos de água. Conforme observado, usamos os calçados apenas como um modelo para explicar o problema dos plásticos, borrachas, baterias e outros materiais não degradáveis. Obviamente, que já existem calçados ecológicos, mas sempre pode haver aquele algo a mais, algo disruptivo, compreende? É um desafio monumental suprir o mundo com calçados mais ecológicos, a começar pelos famosos chinelos, os famosos *flip-flop* que podem causam sérios problemas ao meio ambiente, ao se perderem dos pés, ou descartados de forma irregular. Conforme a tabela 6, podemos observar a quantidade de resíduos que podem parar no oceano.

Tabela 6 – Maiores produtores de plástico e recicladores por país

País	Total de lixo plástico gerado	Total incinerado	Total reciclado	Relação produção e reciclagem
Estados Unidos	70.782.577	9.060.170	24.490.772	34,60%
China	54.740.659	11.988.226	12.000.331	21,92%
Índia	19.311.663	14.544	1.105.677	5,73%
Brasil	11.355.220	0	145.043	1,28%
Indonésia	9.885.081	0	362.070	3,66%
Rússia	8.948.132	0	320.088	3,58%
Alemanha	8.286.827	4.876.027	3.143.700	37,94%
Reino Unido	7.994.284	2.620.394	2.513.856	31,45%
Japão	7.146.514	6.642.428	405.834	5,68%
Canadá	6.696,763	207.354	1.423.139	21,25%

Estimativa de plásticos no oceano em toneladas. Fonte: (WWF, 2019).

> *O desenvolvimento de materiais porosos com alta capacidade de adsorção e que possam ser reutilizados ou reciclados vem se tornando um grande desafio, principalmente quando os conceitos envolvidos na Química Verde são levados em conta.* (Ferreira, 2007).

A questão do meio ambiente apresenta um dos nichos de negócios mais promissores da atualidade. A zona Europeia tem como meta avançar neste ramo e está com muitos investimentos em indústrias sofisticadas baseadas em produção ecológica envolvendo toda a cadeia da produção ao descarte. Neste caso, vai muito além de novos produtos, envolve uma alteração sofisticada em todo setor. Todo um novo sistema de produção limpa e sofisticada, no entanto, resta saber até que ponto esse avanço terá o seu escopo real ou de publicidade apenas, sem uma base de sustentação de fato. O que isso tudo representa são oportunidades de novos negócios, novos arranjos e cadeias econômicas e empregos é o que o desenvolvimento sustentável poderá gerar. A seguir, um exemplo de algumas oportunidades diante de milhares que ainda sequer foram pensadas:

- Construção civil com materiais sustentáveis, integração da natureza e diversificação
- Consultorias técnicas para redução de pegada ambiental
- Financiamento a negócios sustentáveis
- Harmonia ambiental com as cidades
- Negócios baseados em reciclagem
- Negócios sustentáveis
- Novos arranjos econômicos ecológicos
- Produtos biodegradáveis
- Produtos orgânicos sem base animal
- Tecnologias de negócios renováveis
- Tecnologias de transporte não poluentes
- Varejo sustentável

Portanto, na economia de negócios sustentáveis já observamos muitos negócios operando e com alto crescimento. As oportunidades são imensas, e tendem a surgir mais negócios e empregos. O leitor mesmo deve conhecer modelos de negócios sustentáveis que estão em pleno crescimento e gerando empregos.

Logo, esse tipo de negócios ou arranjos será um dos negócios muito bem aceitos na nova economia. Já que proteger o meio ambiente é um dever de todos nós. Há no mundo inteiro uma luta pelos negócios verdes, e o lixo e descarte de cidades é um destes assuntos. Tecnologias que busquem por alternativas ao plástico sem petróleo são grandes passos pela indústria verde. Recentemente houve uma feira de negócios no qual o Sr. Nobuyoshi Yamasaki CEO da companhia TBM do Japão apresentou seus produtos revolucionários ambientalmente corretos na exposição do Pavilhão Japão. Essa empresa usa normalmente para seus produtos pedras de calcário e poliolefina com processos de fabricação de lâmina de plástico, formando uma alternativa ao plástico comum. Ainda há tecnologias que também estão em apresentação, testes e até usos comerciais além das pedras de calcário, *biolimex*®, resinas derivadas de plantas, ácido polilático derivado do milho, como o plástico usado em impressoras 3D entre diversas outras tecnologias de vanguarda. Algumas das empresas de topo neste segmento que estão nessa vanguarda da produção de materiais opcionais ao plástico são:

- Avantium – origem: (Países Baixos)
- TBM – origem: (Japão)
- Vegware – origem: (Reino Unido)
- Xampla – origem: (Reino Unido)

O empreendedorismo é a geração de empresas e funciona deste modo, se reinventando e inovando, pensar fora do comum e buscar alternativas ao que já existe, criar coisas inovadoras, inexistentes e surpreender os consumidores, ou atender com a criação de solução a um problema, e.g., há muitas pessoas que usam sacos de lixo plásticos poluentes pelo mundo. Logo, um problema, mas e se fosse formado um consórcio entre empresas, governo e sociedade, no qual em troca do patrocínio pelo uso de sacos de lixo comuns, fossem trocados de forma subsidiada, sacos de coleta seletiva e biodegradáveis? Por exemplo, sacos de lixo de cores diferentes indicando cada tipo de material. E em troca, as empresas poderiam estampar suas logomarcas nos sacos de lixo. Obviamente que ninguém iria querer ver a sua logomarca estampada em sacos de lixo, a associando a coisas em decomposição, mas isso poderia ser contornado pelo valor positivo da ação, e as pessoas iriam ver a logomarca todos os dias pelas ruas e no seu dia a dia ao coletar os descartes da empresa ou de casa. Além de parcerias com TVs e empresas de coletas que poderiam trabalhar juntos com cooperativas, outras opções existem, como substituir sacolas plásticas pelas de papel, e diversos outros meios.

28. Design de produtos como gerador de empresas

O design de produtos pode ser compreendido como uma disciplina de geração de demandas, empresas, produtos e empregos, são diversos conceitos, processos e métodos usados junto a técnicas de engenharia e criatividade que resulta na geração de produtos. Na atualidade, um conceito famoso é o *design thinking* que se estabeleceu como uma metodologia. O design de produtos é uma disciplina viva e que flui pela criatividade e técnica produtiva, artesã e de manufatura técnica de pessoas com habilidades de criar aquilo que não existe. Desenvolver a concepção de produtos, seu design aparente e tecnologias são um meio gerador de demanda ao se criar o que não existe, e surpreender o cliente com algo exclusivo, ou seja, inicialmente sem ou com pouca concorrência. O design de produtos, além de gerar produtos novos pode inovar nos já existentes. Independente do produto, imaginemos um guarda-chuva, basta fazer a pergunta: por que este objeto é assim e não de outra forma? Ao imaginarmos os formatos atuais, material usado, conceitos, geometria, tecnologia mecânica, podem surgir novas possibilidades de fazer o mesmo melhorado, inovador, algo como jamais visto. Novos formatos, novas simetrias, novas tecnologias, quantas possibilidades poderiam surgir? Que seja um tênis ou bicicleta, assim como criar algo que sequer existe é a função na disciplina de design de produtos. Na imagem 10 (a e b) há um esboço para um produto portátil, uma maleta para carregador emergencial de bateria em carro químico elétrico. Na imagem 11 há o esboço de uma pistola de tinta pneumática articulada ergonômica com troca rápida de cores na tinta usada para pintura grafite profissional, produtos de esboço do autor.

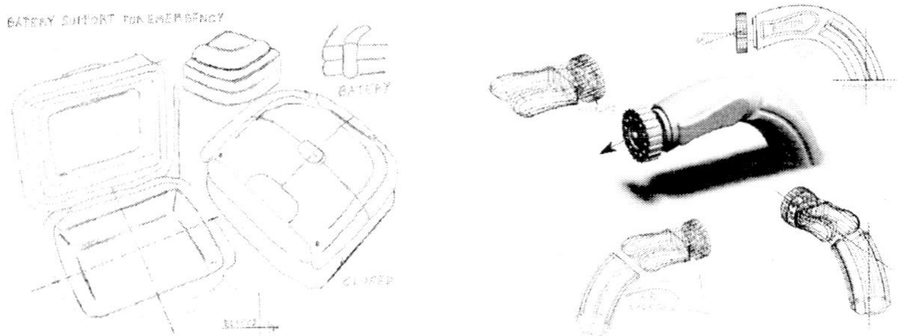

(a) (b)

Imagem 11 (a) Esboço inicial do autor para desenvolvimento de produto, no caso uma maleta e bateria de emergência para carros químico-elétricos. **Imagem 11 (b)** Esboço inicial do autor para estudo e desenvolvimento de produto, no caso uma pistola hidráulica com botão de acionamento e troca automática rápida de cores pelos *nozzles* giratórios para pintura manual eletrostática.

Geralmente, o processo de design de produto se inicia com uma ideia, solicitação, necessidade, encomenda ou tentativa de solução de problema. Nestes casos uma das ferramentas a serem usadas é o design industrial que na maioria dos casos envolve uma equipe multidisciplinar contando com engenheiros, técnicos e modelistas geômetras. Entre algumas das possibilidades contemplam.

- Elaborar modelos volumétricos, protótipos e design gráfico.
- Esboçar, desenhar, representar e expressar projetos dimensionais e tridimensionais.
- Especificar equipamentos para projeto de produtos.
- Estudos de materiais tecnicamente e comercialmente viáveis.
- O projeto das características técnicas e capacidades
- O projeto geométrico, design gráfico e aparência

- O projeto de produtos eletroeletrônicos e tecnológicos
- Produzir integração aos sistemas digitais.

Muito além de gerar produtos, tecnologia e inovação, a função de geração design de produtos transforma formas, trabalha com assimetrias e simetrias, estuda materiais e os converte em produtos para o consumo. A disciplina do design de produto é uma profissão que academicamente contempla como suas principais atribuições uma extensa lista de disciplinas e métodos que formam um conjunto prático e vivo, formando um arranjo e matriz técnica que pode ser apreciada na tabela 7.

Tabela 7 – Arranjo de disciplinas e métodos na matriz que forma o design de produtos

Disciplinas do design de produtos	Métodos do design de produtos
Criatividade	Estudo de percepção visual
Desenho por observação	Expressão gráfica
Desenho técnico	Fotografia e revelação
Desenho artístico	Ilustração digital
Design de eletroeletrônicos	Infográfico
Design de embalagens	Inovação
Design de joias	Maquetes e protótipos
Modelamento	Marketing e o design
Design de produto digitais	Materiais e processos industriais
Design de produtos complexos	Metodologia de projeto para design
Design de sistemas	Métodos e metodologias
Design gráfico	Mimetização
Design inteligente	Modelagem e design
Design sustentável	Modelagem por computador
Design tipográfico	Modelagem por engenharia
Esboço inteligente	Seleção de materiais
Física das cores	Marcenaria
Desenho de geometria e formas	Plástica
Ilustração digital	Processos de manufatura
Metrologia	Colorimetria

Projeto de produto	Representação gráfica
Propriedade intelectual	Representação técnica
Prototipagem	Resistência dos materiais
Teoria de formas	Simetria e assimetria
Tratamento de imagens gráficas e digitais	Sustentabilidade

Fonte: pesquisa do autor cruzando disciplinas e métodos

A profissão de design de produtos funciona pela atuação do uso entre disciplinas e métodos para a concepção de produtos. Cria e aprimora a identidade visual de produtos e da empresa, adequa materiais, a estética visual, ambiental, praticidade e o design gráfico bidimensional e tridimensional e outras abordagens. Pela análise de desenhos, requisitos, solução de problemas gera a base para adição de tecnologias. Importante compreender que design não é apenas estética, beleza e cores, e sim todo um conceito de técnica e métodos e parte integrante da engenharia. O design é fundamental para negócios de pequeno, médio e grande porte e, de tão importante, o design é ferramenta também para fazer empresas existirem. No mundo todo o design é valorizado e gera benefícios às empresas:

- Agrega valor às marcas de produtos e serviços.
- Amplia portfólio com a criação de novos produtos com adequações às necessidades do mercado.
- Aperfeiçoa a produção e reduz custos de produção.
- Aumenta a competitividade das empresas.
- Cria oportunidade para conquistar consumidores.
- É elemento de diferenciação e inovação de produtos e serviços.
- Permite que a empresa adote uma forma de pensar e encarar problemas, focada na experimentação.
- Promove a utilização de recicláveis e o respeito ao meio ambiente.

O processo de design industrial

O design de produto é uma disciplina acadêmica, ou seja, possui toda uma mecânica estabelecida e ferramentas próprias, conceitos e métodos testados e conferidos por revisores acadêmicos. É uma disciplina testada e com resultados comprovados. Possui extensa amplitude nos meios de produção e um meio de fortalecer o posicionamento das empresas no mercado. No diagrama I podemos observar um exemplo da mecânica para o design de produtos na prática.

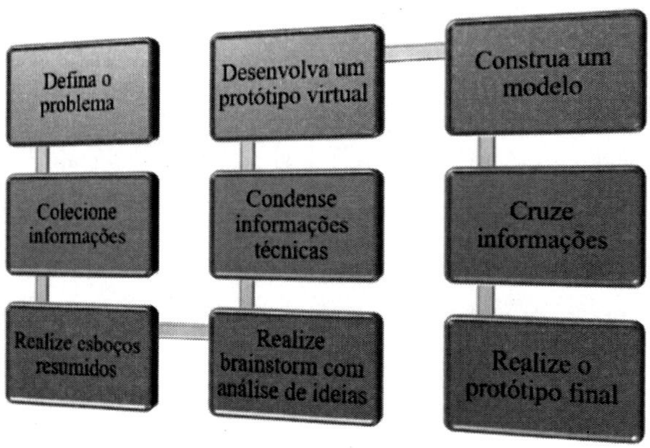

Diagrama 1 – Processo mecanizado da matriz de métodos para a geração de produtos. Fonte: pesquisa do autor

O design gráfico, design de produto ou design industrial são ferramentas que unidas à importante função de publicidade produz riqueza, gera empresas e empregos. Na imagem 12 podemos notar uma inovadora embalagem de bebida com formato moderno e agradável aos olhos, com um design gráfico inspirador. No caso, neste produto há o design de produto e o design gráfico. A tecnologia e engenharia, no caso deste produto, estão na produção das latas e envase como o design industrial no processo de estampagem e no líquido interno com alguma tecnologia de engenharia de alimentos.

Imagem 12 – Importante não confundir design de produto com design gráfico, embora ambos trabalhem juntos. Fonte da imagem: (TrendHunter, 2020).

Entre tantas tarefas do design de produtos é vital o estudo de outros pontos, incluindo o formato, aparência e questões estruturais através de estudos de engenharia CAE (*Computer Aided Engineering*), para se chegar em um material ideal a ser usado, estruturalmente e comercialmente viável e preferencialmente com menor uso de material mantendo a qualidade e características estruturais ideiais.

Neste caso, podemos estar falando de muitas toneladas de material economizados, logo, bom para o meio ambiente e para o faturamento das empresas envolvidas e um produto com custo menor no mercado e mais competitivo. Portanto, um produto aparentemente simples, envolve toda uma conjuntura de técnicas e disciplinas e o design de produto é apenas uma peça no quebra-cabeça. E a quem pretende avançar na expertise de desenvolvimento de produtos, precisa conhecer os produtos da companhia Autodesk™ como os softwares de desenho, projetos e cálculos técnicos especializados para engenharia o desenvolvimento de produtos e processos. A maioria dos produtos pode ser desenvolvida até mesmo por microindústrias, e competir com produtos internacionais é uma das formas de se gerar empregos. Por exemplo, brinquedos, liquidificadores, cafeteiras, cutelaria, aparelhos eletromecânicos, principalmente os eletrônicos de precisão. Embora muitos desses produtos já sejam produzidos nacionalmente, boa parte contém a maioria de seus componentes importados, e nacionalizar esses componentes por arranjos econômicos e produtivos especiais, como isenções fiscais, seria uma das ações que poderiam reverter o processo de desindustrialização.

Pelo que foi analisado, podemos entender que nada é impossível, porém, é preciso ações. Na realidade, não precisamos de um país canteiro de obras, mas, sim, um país manufatureiro, produtivo, industrializado, com a cultura artesã de manufatura, com mais produção e consumo de produtos técnicos. Nesta base, o tecido industrial que foi tolhido de muitos países, agora poderá ser recomposto, renovado e atualizado com inovadoras tecnologias.

29. Um índice produtivo pelo menor valor agregado

Em um mundo cada vez mais competitivo, científico e tecnológico, exigindo alto nível de qualificações, conhecimento, recursos e dedicação, somente para se entrar no jogo, formou-se um ambiente hostil para a maioria dos povos e negócios. E fala-se aqui no caso de só entrar no jogo, a questão de ganhar já complicaria ainda mais e envolve outros pormenores elevados que não serão tratados neste caso. E há números para explicar tudo isso, e.g., para apenas entrar no jogo da produção e manufatura de circuitos integrados na atualidade sem o estado é quase utopia, logo, colocando um exemplo de indústria de topo de cadeia.

O custo para a implantação de uma planta industrial para produção de circuitos integrados depende da geração tecnológica destes e do tamanho dos circuitos, que pela metrologia pode ser classificado em microeletrônica e microcircuitos ou nanoeletrônica e nanocircuitos. Incluindo tecnologias de produção de MOSFETS, pontos quânticos, circuitos para LEDs, LCD, CI para telefones móveis e outras tecnologias. No geral, o investimento para uma planta industrial neste porte gira em torno de $500 milhões a $6 bilhões de dólares. E é importante frisar que os equipamentos, como as máquinas de litografia, complementares, automação, salas limpas são apenas uma parte da importância, o mais crítico está na arquitetura dos circuitos integrados. Ou seja, no projeto, o desenho técnico, a arquitetura lógica das linhas de circuitos, o *waffer,* como um todo, as camadas e consequentemente os circuitos integrados e a lógica e regras de funcionamento, até zerar as possibilidades em suas solicitações para atingir o estado de arte. Assim como na tecnologia gerada, segurança, testes complexos, patentes, e isso tudo custa realmente caro. Nesta mesma vertente, ainda sobre industrialização, caso um grupo em universidade de ponta desenvolva uma pesquisa que culmine em produto inovador tecnológico, terá a vantagem de sair na frente, mas haverá pouco tempo, dependendo do caso, até fortes concorrentes estarem ao seu lado em uma espécie de quase vale tudo, ou como em um filme nível Mad Max, no mundo dos negócios as coisas são rápidas e dinâmicas, e não são para principiantes. Podemos dizer que nesses exemplos de negócios de alta tecnologia e engenharia há o modelo de negócios *top-down*, no entanto, há outro caminho de se entrar no jogo da reindustrialização, especialmente para países superpopulosos, acima de 100 milhões de habitantes que é o modelo de negócios *bottom-up*. Valendo lembrar que o conceito *top-down* e *bottom-up* possuem diversos conceitos na indústria, na nanotecnologia em softwares e nas ciências também, e se aplica a reindustrialização como apresentando neste método de opções para reindustrialização.

Neste caso, é o inverso, ou seja, o empreendimento buscará entrar no jogo de reindustrialização com produtos o mais simples possível, para competir até mesmo com países que usam altos subsídios e inclusive fazendo uso de mão de obra escrava (GSI, 2020). Competir para ganhar neste jogo de produtos com margens esmagadas é um desafio tão grande quanto atuar na manufatura de ponta, porque conseguir atuar nesse campo também é inovação. Em ambos os modelos de negócios, *top-down* (manufatura de ponta) ou *bottom-up* (manufatura simples) há uma competição intensa, acirrada, com pouco ou nenhum espaço a erros, e na maioria dos casos, margens de lucro esmagadas a níveis extremos. E como nosso foco é o emprego e sua geração, neste estudo, entre o modelo de negócios *top-down* e *bottom-up*, certamente que a melhor opção é a *bottom-up* para gerar empregos em volume. Obviamente, não impedindo ações e investimentos em pesquisas e manufaturas em cadeias *top-down e mesmo bottom-up*. Principalmente em países superpopulosos onde há muita mão-de-obra disponível pelo alto desemprego e pessoas em situação de vulnerabilidade, trazer fonte de renda para essas pessoas é vital. E focar em promover e fomentar polos e plantas de negócios industriais de produtos simples, com baixa tecnologia agregada é o caminho para a geração de emprego para a maioria da população. Ou seja, gerar muitos empregos sem exigir tanta qualificação. E por essa base se construir diversidade e progresso para fomentar a manufatura *top-down*.

Diante deste pressuposto, podemos refletir a questões de estado, como grandes investimentos feitos recentemente. No estudo de caso específico do Brasil podemos refletir sobre alguns pontos, como a razão de tanto investimento em obras civis de programas governamentais aparentemente não terem surtido resultados de longo prazo, mas apenas por pequenos períodos de prosperidade? Como exemplo, investimentos que não resultam em empregos de longo prazo, podemos listar: investimentos em construção de estádios, infraestrutura de pavimentação e demais investimentos do estado claramente sem diversificação econômica, ou seja, as indústrias praticamente ficaram fora desses investimentos. Assim como os investimentos particulares de bancos, praticamente beirando o nulo, assim as indústrias ficaram à própria sorte e ainda tendo que enfrentar concorrências do exterior desleais pela falta de qualquer programa de proteção à indústria nacional. Todos os setores da economia são importantes e cada um possui a sua natureza específica. No caso da área de investimentos ocorridos pelo governo priorizando unicamente a construção civil em sua maioria, é natural que secou o cimento, acabou o emprego. Isso é parte desse setor, não há muito que ser feito. Mas, no ramo industrial tradicional, quando uma fábrica se abre, e não há percalços pelo caminho, essa empresa se mantém por décadas mantendo empregos. Obviamente que no setor civil, quando uma obra termina já estão começando outra, mas na maior parte dos casos, não é tão simples, e boa parte dos trabalhadores não consegue essa maleabilidade ou o próprio setor não tem capacidade de absorver tanta gente. Especialmente quando os investimentos vêm do setor público desenvolvimentista. Algo que não ocorre no setor industrial manufatureiro, este quando bem elaborado se mantém, exporta e traz divisas, mantendo e criando empregos permanentes de longo prazo. E neste caso binário que nos faz pensar em algumas questões relacionadas ao PIB dos países e o seu tensionamento destinado a investimentos que poderiam diversificar, a incluir o setor manufatureiro industrial. Logo, isso tudo nos traz reflexões, algo como se o país é democrático, porque a totalidade do PIB do país é destinada a quem tem os poderes, os melhores lobbys e setores ligados à política? E não vemos ao menos um pouco de progreso industrial, mesmo que seja a facilidade de negócios. Nada seria mais justo que alguns setores tenham parte do PIB, como sugestão, ao menos 5% garantido para o desenvolvimento científico de P&D, e ao menos 5% do PIB para o investimento industrial. A promoção industrial, geração de polos industriais, desapropriações para indústrias, P&D, promoção de exportações, auxílios industriais, benefícios fiscais e beneficiar esse grandioso setor. Além de empregos gerados em volume, esse valor investido retornaria multiplicado em impostos, pessoas empregadas e consumindo.

Curiosamente, como complemento a este texto, certa vez, há anos, passou na TV uma reportagem que mostrou uma fábrica de brinquedos simples, os mais simples que se possa imaginar, brinquedos de plástico sendo manufaturados no Brasil. A reportagem entrevistou uma das operadoras de injetoras, aliás, uma senhora bem simpática, e por sinal idosa e feliz por ter um trabalho. A mesma senhora disse à repórter que ali trabalhava por 15 anos e havia criado seus filhos, comprado casa e carro ali trabalhando, e fazendo amizades e até se divertindo, ocupando a mente. Isso nos faz refletir aos outros casos, e a própria natureza de indústrias mais simples. No caso de indústrias, seja das mais simples às mais complexas, as indústrias acabam formando uma longa rede concatenada de negócios, gerando empregos em volume e muitos empregos sofisticados e qualificados. E devido a intensa concorrência, boa parte, ou o empregado ou a empresa não consegue se manter no mercado quando não se atualiza, ou seja, o setor manufatureiro é um incentivador natural a modernização em sua própria existência natural. Neste caso, podemos dizer que as indústrias *top-down* são arriscadas e de durabilidade improvável, às vezes, duram como uma obra, secando o cimento, acaba-se o emprego, e no caso de algumas indústrias são projetos que ao serem finalizados não conseguem se manter no mercado devido à concorrência acirrada. No entanto, indústrias de tecnologias simples permanecem, é de longo prazo, e mantêm empregos, desde que consigam processos competitivos e concorrer nos mercados de baixa à média complexidade, embora isso não seja regra, e há muitas variáveis envolvidas, cada caso é um caso, e necessita de análise individual das variáveis. Nos casos em que consigam operar e se manter no mercado com baixa ou quase nula margem de lucro, apenas ganhando pelos altos volumes produzidos é onde há geração de empregos em volume em alguns casos que não sejam bem automatizados.

Considerando os casos tradicionais de que as indústrias *bottom-up* geram mais empregos duradouros para a população, podemos prosseguir refletindo sobre um possível método com um índice para o caso. Um índice produtivo pelo menor valor agregado. Basicamente, para a criação desse índice teríamos, a priori, que montar uma enorme lista de produtos realmente simples e com alguma complexidade, os produtos com os menores valores agregados, e com as menores margens de lucro. Conforme a tabela 8, podemos notar uma lista geral sobre modelos de negócios industriais *top-down* e *bottom-up* em questão de complexidade e modelos de negócios produtivos. Importante não confundir que esses termos também são usados em métodos de fabricação digital de softwares e em nanotecnologia.

Tabela 8 – nível de complexidade em método de negócios industriais

Modelo de negócio	Exemplo de Produto	Valor	Margem de lucro
Top-down	Circuito integrado	Elevado valor agregado	Altíssima
Bottom-up	Peça simples	Baixo valor agregado	Mínima
Híbrido	Produtos híbridos	Intermediário	Média

Seguindo o método *bottom-up* que tem potencial de se sustentar com métodos tradicionais, tecnologias simples, mão de obra em volume ou automação massiva e partir para altos níveis de sofisticação de produção, qualificação e eficiência. Logo, para a geração dessa metodologia é necessário listar milhares de produtos no mercado que não são produzidos no país. Nessa lista pode-se realizar um índice de seleção com critérios importantes, e entre centenas de produtos selecionados, usar as prioridades e critérios de seleção para escolha do produto. Entre os critérios de seleção, podemos indicar os produtos não feitos no país, ter produção simples ou de complexidade média, baixa margem de lucro, mercado saturado com esses produtos vindos do exterior, e componentes que podem ser feitos nacionalmente, com um critério importante para complicar que seria um produto no qual já haja substitutos no mundo digital, reduzindo ainda mais os espaços de sucesso e conforto para se dominar o mercado desse produto. E partindo desse desafio formular uma planta, uma fábrica para conseguir competir com esse produto selecionado, ao menos um produto, para remover do mercado os mesmos produtos vindos do exterior, tamanha a competitividade que se deve alcançar.

De fato, esse é um desafio pela metodologia de reindustrialização *bottom-up*, porém, necessita de uma longa cadeia de planejamento e sintonia fina de inovação, engenharia, eficiência, processos, automação e prova de competitividade, já que as margens de erro são mínimas. Entre tantos produtos para esse desafio, neste estudo tenta-se apresentar o método a este caso para a reindustrialização. De fato, um desafio de alto nível; seria o método do índice produtivo pelo menor valor agregado. E o produto para ilustrar esse índice seria o produto calculadoras simples, com LCD monocromático. Outra opção seriam as pilhas e baterias químicas, selecionadas pelo índice, mas vamos focar nas calculadoras portáteis, calculadoras compactas de mesa. E por que esse produto? Este apresenta e atende os princípios de critérios de seleção, como um produto desafiador à reindustrialização, e se apresenta como um desafio enorme, são pequenas peças que precisam ser montadas, e dependem de habilidade manual de produção. Logo, como executar esse desafio em um país como o Brasil a ponto de ter sucesso é onde está a inovação. Com esse método executado, o restante para a reindustrialização seria questão de vontade e execução apenas. Quem conhece métodos de produção e a letargia da produção manual, sabe o tamanho desse desafio, mas nada é impossível, e através desse método podemos comprovar e refletir sobre muitos assuntos ligados à economia, produção, manufatura e reindustrialização.

Seria bom ter empregos de qualidade para todos, empresas de ponta e salários altos, mas dentro da realidade, há a opção dos empregos realmente simples, como passar anos apertando o botão de uma máquina, contando e colando peças, montando, mas havendo o emprego e a ocupação ficaria ao menos a opção entre desemprego ou emprego. Se não formos nós que faremos o trabalho simples esperando o emprego mais sofisticado, poderemos esperar por muitos anos ou décadas, e nesse espaço de tempo outros, em outros países, bem longe se disporão a fazer trabalhos simples e manuais, enquanto quem espera acabará desempregado e consequentemente, sem as empresas e uma malha produtiva mais sofisticada. Em tese, entra-se em um paradoxo pela reindustrialização que pode ser mais bem compreendida com a manufatura da calculadora compacta.

30. A vocação ecológica perdida de muitos países

Na atualidade, se pudermos classificar a vocação econômica de países e cidades e.g., Singapura se tornou um centro financeiro, tecnológico de livre mercado, já a Itália continuou com sua vocação econômica de turismo e hospitalidade, assim como turismo de arquitetura, mas evoluiu no setor automobilístico e de moda. A cidade de Hong Kong evoluiu muito em livre mercado, diversificação de negócios e tecnologicamente, a vocação econômica de New York é a diversificação forte em eventos corporativos, turismo, financeiros, comércial e até industrial. Quanto mais diversificação maior e melhor é o desempenho econômico. A diversidade econômica é tudo, incrivelmente em locais de alto valor do solo, como em Manhattan há bem próximos até mesmo setores fabris, firmas de produção, fábricas funcionando e produzindo intensamente, e.g., *Bathgate industrial park* e outros parques na área costeira, assim como pequenas manufaturas dentro da cidade, ao mesmo tempo que há em todo entorno os mais diversificados tipos de negócios. Já na Califórnia os atrativos são as praias, cinema e eventos, com diversidade econômica. Cada cidade e local possuem suas peculiaridades, mas nada que impeça que haja nessas cidades, pessoas, empresas, e polos de outros setores. Portugal é um exemplo de negócios tradicionais, negócios do mar, turismo arquitetônico, produtos naturais conceituados agrícolas, e vem ano após ano investindo em ciência e indústrias de ponta.

Há países, como o Brasil, que possui pela sua própria natureza grande vocação para ser uma área ambiental, mas é algo não considerado aparentemente. Considere que a vocação produtiva é a qualificação que uma pessoa, cidade, região ou geografia possui como capacidade, especialização, diversidade e qualidade econômica. Saber explorar as vocações produtivas é uma habilidade que deve ser estimulada e não banida. Por exemplo, como já dito, cidades que possuem a vocação aos negócios e são punidas com restrições a anúncios outdoor na cidade, com a suposta justificativas de manter a cidade bonita. É preciso diversidade econômica nas cidades com apoio e qualificação das vocações de cada região para que gerem mais empregos. E as empresas como agentes econômicos podem surgir para explorar essa vocação produtiva e gerar os empregos.

A liberdade pessoal sem liberdade econômica é uma contradição absoluta, uma liberdade não existe sem a outra. - William E. Simon.

Quando há crise econômica, o equilíbrio e resiliência não bastam, são necessárias ação e intervenção de poderes para forçar o desenvolvimento. No entanto, como fazer isso ocorrer é algo simples, ao qual o investimento público preferencialmente o industrial atrai o investimento privado em geral, logo, isso envolve riscos intermitentes, e o primeiro passo para o progresso ocorrer é ter uma harmonia entre o setor privado e público. Colocando como estudo de caso: havia um local praticamente morto comercialmente. A esta análise colocamos antes a questão: o que faz um local virar comercial e interessante ao comércio? Há ruas que permanecem a vida toda como residencial em áreas não classificadas com este fim, enquanto outras passam a ser comerciais, sem que haja interferência alguma, simplesmente pela mudança de uma linha de ônibus para a rua, ou novo acesso aos pedestres por uma passarela, ou instalação de um terminal de ônibus ou trem. Assim como a instalação de um setor público na região que traz à região pessoas com salários mensais e gera consumo local, progresso e empregos no comércio para a região. Os liberais adoram atacar o setor público, embora em muitos casos haja abusos e realmente há alguns excessos, em alguns casos, mas no geral, em grande parte é o setor público que mantém algum vigor econômico em municípios e cidades, especialmente as que não possuem indústrias.

Há também a questão de zoneamento territorial, como alguns maus econômicos que existem como a especulação do espaço descontrolada. Como nas cidades que danificam o espaço do setor industrial, ações promovidas em geral por liberais adeptos do setor financeiro, especulativo e patrimonialista. É quase impossível, enfraquecer a especulação dos espaços das cidades e a sanha destes por destruir cada metro quadrado das indústrias de manufatura e transformação. Tudo isso causa grandes desequilíbrios econômicos, prejudica a diversidade econômica e resulta em alto desemprego.

Boa parte das empresas não considera, de fato, planejamentos de longo prazo como 5 ou 10 anos. É preciso refletir, ter planejamento para 25, 50, 75 e até 100 anos com uma coordenação central de estado. Os radares de estrategistas e de quem planeja em longo prazo avaliam globalmente os impactos e possíveis mudanças. Planejamento estratégico se complica proporcionalmente à medida que as tecnologias avançam, ainda puxada a complexidade a medida que a concorrência no mundo científico e tecnológico avança também. Muitas pessoas que não acompanham o mundo produtivo não percebem tão claramente, mas empresas de ponta se tornam campos acadêmicos de desenvolvimentos científico e tecnológico. E a competição atual não é mais como observamos tão claramente no comércio. A concorrência em comércio é famosa, é fácil observar quando um concorrente abre uma loja próxima de outra, semelhante e do mesmo ramo. No mundo da produção de ponta, as coisas complicam muito, e a concorrência está no nível acadêmico científico. É neste nível que os empregos mais bem pagos são e serão gerados nos próximos anos. Casos simples já mostram, daqui a 50 anos poderemos ter lanchonetes comerciais automatizadas em todo mundo, nenhuma novidade, isso já existe de fato, mas quantos países terão florestas intactas? Imaginem o valor de se ter florestas enormes intactas, e o meio ambiente preservado. Simplesmente é algo inovador e diferente. Por qual razão o ouro tem tanto valor e uma pedra que achamos na rua não tem valor? Basta refletir, segundo a lei universal econômica é que as coisas têm valor por sua raridade, quanto mais raro mais valor terá. O que torna as coisas caras e com alto valor não é o excesso, é a raridade. Quanto menos, mais terão valor comercial e financeiro. No caso do meio ambiente, quanto mais espaço houver preservado, mais valor positivo e não especulativo haverá nessas regiões. No Brasil devido à falta de educação ambiental, muitas pessoas parecem ver áreas verdes como atraso, e assim, boa parte joga lixo e entulho em áreas ambientais. A cada dia o Brasil ao destruir cada metro quadrado verde está perdendo essa vocação natural única no mundo. A imagem 13 apresenta um caso grade, apresentando uma área regional na Serra da Cantareira em São Paulo. Há também problemas nos bairros próximos à serra da Cantareira em São Paulo que possuía uma vocação extrema para turismo ecológico e industrial apenas, mas a especulação de espaços tratou de fazer o que sempre faz, cimentar tudo, junto a alta agressão ambiental por invasões e loteamentos em áreas ambientais e a falta de políticas urbanas inteligentes, como moradias em locais ideais e seguros. Não bastassem tantas agressões, ainda alocam pedreiras para destruir montanhas de vital valor ambiental climático, ecológico e estético para a cidade. Até mesmo uma rodovia chamada rodoanel passa dentro de uma área ambiental única no mundo a destruindo completamente, levando acesso e até linhas de ônibus a mais invasões a áreas ambientais.

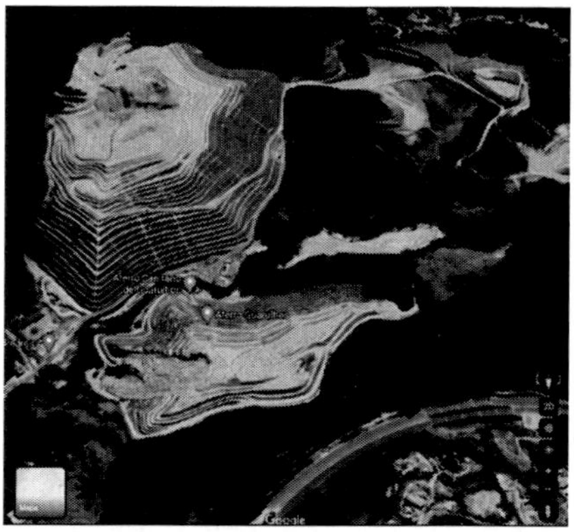

Imagem 13 - Essa é uma amostra do que os administradores da cidade permitem que se faça em um tesouro único no mundo a Mata Atlântica, o local é a Serra da Cantareira em São Paulo a qual simplesmente instalaram um lixão que esses administradores chamam "carinhosamente" de aterro sanitário. Além de passar uma rodovia dentro da serra levando acesso de invasores de terras à Serra da Cantareira. Fonte: (Google Maps, 2020).

Como fazer tanta destruição ambiental cessar? O primeiro passo é quase impossível que é enfraquecer a especulação de espaços, é necessário controlar o extrativismo e aplicar políticas de recomposição ambiental e boas práticas. No caso do rodoanel, uma opção viável seria desfazer o trecho que destruiu parte da serra da Cantareira e o reconstruir como uma ponte elevada, removendo o acesso das pessoas a este local ambiental. O potencial para turismo de negócios ecológicos só aumentará, com o passar do tempo, com o crescimento descomunal da população mundial. Diante de tanta destruição é preciso pensar em meios alternativos. As pontes ecológicas sem permitir o contato das pessoas às áreas de mata e locais ecológicos são grandes soluções para preservação. O potencial turístico envolvido seria imenso, sem permitir o acesso das pessoas. Pontes suspensas sobre florestas, como sobre a Amazônia, seriam um ótimo atrativo para o turismo ecológico e evitaria o acesso de agressores ao meio ambiente. Ao mesmo tempo em que evitaria o atropelamento da fauna em rodovias e não permitiria a agressão ao meio ambiente, já que poderiam ser vigiados por consórcios e ONGs 24horas por dia 7 dias por semana, monitorados por agentes e câmeras. E mesmo que alguém jogue cigarro e material inflamável, todo um sistema de combate estaria preparado, já que por baixo da ponte haveria tubulações de água com alta pressão, e brigadistas preparados monitorando cada metro quadrado e uma malha de sensores térmicos que emitiriam alarmes. Além de lei eficiente, a qual todos seriam monitorados quando estivessem em cima das pontes e poderiam ser identificados facilmente, e assim teriam a devida punição garantida. O potencial é enorme em negócios que envolvem o meio ambiente. Não alongando e citando apenas cinco entre tantas variáveis encontram-se o ecodesign, a produção limpa, a sustentabilidade, o turismo ecológico e o extrativismo ecológico. Entre centenas de outros, estas variáveis demonstram a ampla quantidade de possibilidades que existe aos negócios. O que faz lembrar que há alternativas.

Mostra-nos que existe uma forma de integrar as vantagens de uma solução sem anular as vantagens de uma solução alternativa. (Martin R., 2009).

Pontes suspensas sobre áreas verdes, além de resolver o problema ambiental possui grande potencial de negócios. Como as pontes do litoral paulista no Brasil, imagem 14 (a e b) seriam pontes ecológicas sobre a Amazônia e outros biomas, e.g., para não afetar a fauna entre Manaus e Roraima e substituir a transamazônica por pontes suspensas. Dessa forma preservando áreas indígenas e sem permitir acesso e contato de pessoas nas áreas de selva, uma proteção contra agressores ambientais. Um exemplo que pode ser aplicado e.g., no trecho norte do Rodoanel em São Paulo para desfazer a agressão ambiental.

(a)

(b)

Imagem 14 a – Trecho de serra da Rodovia dos Imigrantes – Uma ponte sobre a mata atlântica, de baixo impacto no meio ambiente. **Imagem 14 b** – Rodovia dos imigrantes por cima da mata atlântica. Fonte: Wikipedia Commons C2020.

Um conflito ambiental atual é o corredor tríplice A, principalmente no trecho do estado de Roraima e Manaus, onde se pretende a ampliação de estrada e linha elétrica dentro de reservas indígenas. O corredor ecológico triplo A, ou corredor AAA é um termo bioambiental que condiz a uma área geográfica sensível a interferência humana, há quem nomeie também essa área como o berçário das nuvens que levam chuva e umidade para o sul do país, classificado como o corredor AAA - Andes-Amazônia-Atlântico, por essa razão triplo A. É a concepção da ideia do colombiano Martin von Hildebrand, através da fundação Gaia Amazonas, para criar uma proteção permanente a esse corredor. Essa região é vital para os climas regional e mundial, assim como para a existência de muitas espécies da flora e fauna. A ideia em si é simples, manter intactos e com preservação permanente um corredor verde que iria dos Andes até o Atlântico, atravessando a selva amazônica, servindo também para a proteção das aldeias mais intactas da região. Local vital para os grandes animais percorrerem, pássaros e diversas espécies de peixes, plantas e insetos. Uma região sensível que precisa ser preservada. No entanto, há estudos equivocados de asfaltamento de estrada na Amazônia assim como atravessar na região linhas de transmissão de energia. A questão ambiental é crítica em um mundo que não para de crescer. E precisa ser pensado com inteligência. Há cidades que convivem com a natureza em plena harmonia, qual a razão de não consultarmos biólogos, urbanistas, paisagistas, especialistas em meio ambiente para passar esse progresso atravessando o corredor triplo A sem o danificar, usando pontes suspensas sobre a selva? Os. custos poderiam ser divididos entre consórcios sérios, entre concessionárias de energia, empresas de pavimentação, saneamento e empresas de turismo. É possível sim, na imagem 15 há a construção na serra do mar em São Paulo. São pontes construídas a grande altitude acima da floresta. Essas estradas passam por cima da floresta, sem a danificar, e principalmente, não dão acesso às pessoas a nenhum contato com a região de mata. E como as pessoas não têm acesso à mata, não tem como a destruir. Quem ousar ir à mata sofreria uma queda importante.

Imagem 15 – Ponte sobre floresta, sem permitir contato dos transeuntes com a mata. Ponte Daman North Crossing sobre o vale Daman. Fonte: Ckbuburp C2014 - Wikimedia Commons.

Alargando um pouco essas pontes, em alguns trechos seria possível colocar atrativos. Como restaurantes, postos de atendimento e combustível, shoppings, parques temáticos, parques de diversão, hotéis, tudo em cima das pontes, sem acesso à floresta. Sonhando um pouco mais, imaginem um parque em cima da floresta com roda gigante e tudo? Restaurante no meio da selva em cima de uma ponte? Quantas pessoas no mundo não iriam querer visitar essa ponte, estar em um hotel em cima de uma ponte, acima da floresta, no meio da selva amazônica? Realmente, isso é um pouco de ilusão de conservacionista e ecologista, mas infelizmente, estaria ao alcance apenas de grandes corporações e do estado, tamanho os custos para um projeto deste porte. As pontes ecológicas sobre a floresta intacta iriam gerar muitos empregos. Remover o acesso das pessoas à floresta como a chave da questão. O estudo de caso sobre Roraima e a tríplice A em sua importância biológica é um exemplo atual de como pretenderemos ter o futuro da preservação do meio ambiente. Assim como se haverá potencial para turismo de negócios ecológicos, ou este será descartado. O potencial para turismo ecológico é imenso, e.g., negócios que já existem como: ações de reflorestamento de final de semana, a promoção do ciclismo ecológico e o incentivo ao reflorestamento e combate a especulação dos espaços. O caso de elevar o rodoanel sobre a serra ainda está em tempo de consertar o estrago, ficando a cargo essa decisão dos poderes.

Em alguns países no exterior há em trilhas de ciclismo na mata e parques com máquinas de *vending machine* que são um sucesso local. Essas máquinas automáticas oferecem aos transeuntes, ciclistas e motoqueiros que visitam esses locais envelopes a venda. Cada envelope possui várias sementes de plantas e árvores, envelopes vendidos junto a estilingues, ao qual as pessoas compram e pela caminhada na trilha lançam as sementes com o atirador. Curiosamente, essa companhia emprega várias pessoas e tem planos de crescimento significativos. Como podemos observar, os negócios e a ação coordenada são a solução contra o desemprego e a maioria de nossos problemas. Qualquer pessoa se induzida a questionar sobre o assunto também já deve ter tido ao menos uma ideia ou ouvido falar de uma solução ecológica que poderia ou foi feita através de negócios sustentáveis e que gerou ou poderia gerar empregos.

31. Design de produtos de alta tecnologia

A capacidade criativa e técnica das pessoas prova que muitos conseguem avançar e criam serviços, produtos e soluções realmente impressionantes, mesmo por vezes vindos do ostracismo completo, da pobreza e de lugares inesperados com poucas condições. Há diversos meios modernos de se gerar produtos, negócios e inovação, inclusive terceirizando, fazendo parcerias ou por conta própria. Este seria um passo que exigiria mais investimento, infraestrutura e equipamentos. Observando modelos que já deram certo, podemos investigar a história da criação das famosas luzes LED e suas cores. A dificuldade para fazer um Led aparentemente simples é uma demonstração do quanto a pesquisa e a tecnologia são importantes, e o quanto é difícil se chegar a inovadores produtos. Ainda mais quando se está longe do mundo da produção devido a desindustrialização e universidades que priorizam a formação profissional executiva ao invés de uma união mais prática entre acadêmicos e os meios produtivos. Ou seja, não há uma união e uma política de incentivo à produção. Considerando meios mais práticos de como ocorre e é executado o projeto de desenvolvimento de um produto, podemos dizer que antes de falar sobre projetos, produtos e design é preciso compreender algumas regras importantes, começando pela ordem prioritária dos processos:

- **O que é ideia**: é a concepção e representação mental sobre uma coisa concreta ou abstrata.

- **O que é ciência**: é um conjunto de conhecimentos coordenados através de metodologias, procedimentos relativos a determinado objeto de estudo, como um estudo sistematizado.

- **O que é tecnologia:** é o resultado prático do que se conseguiu na ciência, trazido a um modo prático e útil. Logo, tecnologia é o tratado das artes e ofícios em geral. A tecnologia é uma terminologia que representa algo específico de uma ciência, arte ou indústria de forma prática.

- **O que é inovação:** é uma novidade, modernização, atualização de algo baseado e fruto dos itens anteriores apresentados. Uma reformulação de algo que introduz novidade, algo renovador, moderno e atualizado.

Embora nem sempre siga essa ordem do desenvolvimento, é natural seguir essas etapas, e.g., a engenharia reversa não segue especificamente esse caminho, tendo seu procedimento próximo. Ainda há o design industrial que compreende todo um trabalho guiado por processos dessa profissão. Logo o design industrial de produtos segue critérios, mas sem limites para a criatividade técnica com o desenho industrial, a idealização, criação e desenvolvimento de produtos. Desde máquinas a bens de consumo diversos podem ser desenvolvidos. O design de produtos segue padrões e processos, a incluir a economia, antropometria, biônica, ecologia, farmacopeia, funcionalidade, aparência, utilidade e originalidade. Este assunto é um pouco mais complexo, e aqui será explicado de forma leve, rápida e simples. Começando com um exemplo atual, realizando uma pesquisa pelo método *survey* fazendo uso das plataformas digitais em grupos especializados. Foi realizada a pergunta a acadêmicos em uma pesquisa durante o curso de ciências da computação realizado pelo autor sobre processos de inovação em novos produtos digitais. E o resultado estimado pode ser visualizado pela organização das respostas condensadas na tabela 9. A pergunta realizada era: em sua concepção, o que é mais importante ao se gerar um produto ou inovação?

Tabela 9 – Temas de pesquisa *survey metodology* por importância na geração de produtos

Assunto para busca por inovação	Importância	Detalhes
Agregar empresas e produtos já existentes no mercado com o novo produto	3,5%	Fazer as coisas com mais pessoas resulta em força
Características gerais e novo conceito	6%	A especificação do conceito claro
Complexidade de produção para afastar concorrentes	8,5%	Complicar a tecnologia e a mantendo simples
Conseguir gerar demanda e nicho com o novo produto	35%	A demanda gerada com o produto
Encontrar a raridade para um produto	18%	Inovação pela raridade
Funções que o produto exerce	12%	Utilidade como atrativo
O design, formato moderno, aparência	17%	Conquistar o cliente pela aparência

Fonte: resultado condensado de pesquisa do autor. Nota: essa pesquisa levou em consideração um público com conhecimento geral técnico de negócios e negociação, conhecimentos diversos de mercado e industrial.

Como fazer essa mutação, essa metamorfose da ciência em produtos competitivos e inovadores. Como conectar o saber acadêmico ao mercado onde está essa ponte, logo converter o saber científico acadêmico em produtos. Alguns negócios futuristas podem ser lidos a seguir: máquinas ultravelozes, AI Artificial Inteligence, alimentos ecológicos e sintéticos, atendimento remoto, Big Data, biotecnologias, blockchain, coworking de pesquisa, coworking industrial, inovações em drones, economia de compartilhamento, edição genética, energias renováveis, eSports ou esportes eletrônicos, digitalização massiva, iOB Internet of bodies ou Internet de corpos, iOI Internet of infrastructure ou internet de infraestrutura, iOT Internet of things, machine learning, materiais alternativos ecológicos, microindústrias tecnológicas, moedas sociais, moedas virtuais, negócios com drones, negócios de proteção às águas, realidade aumentada, robótica de serviços, sensores biométricos, serviços financeiros disruptivos, terapias de células tronco. Qualquer empreendedor pode ser um inventor e criar produtos e serviços ou combinações. Para não deixar sem exemplos, um caso de empreendimento seria a criação de espaços temáticos para jovens. Comemorar dias especiais como por exemplo, festas do Dia das Bruxas, encontros Geek e tantos outros casos que envolvem aplicação tecnológica baixa. Algo temático e até com realidade aumentada como na imagem 16, locais para encontro de jovens envolvendo datas comemorativas. São formas interessantes de geração de empregos na economia criativa e que gera atrativo nas cidades.

Imagem 16 – Espaço temático para encontro de jovens para comemoração de datas e vendas de itens. Fonte: (Sterzel W. 2016).

Já em relação ao caso de produtos específicos e complexos com alguma tecnologia que considere mão de obra mais qualificada envolvendo química, mecânica, física e engenharia. A engenharia mecânica, por exemplo, ainda insiste em permanecer nos conceitos mecânicos, ainda muito importantes, mas, academicamente já era para estar estudando os conceitos de aplicação prática da mecânica quântica e fronteiras acadêmicas da ciência e com o fim de gerar tecnologia para o mercado. Este é apenas um exemplo do quanto ainda se necessita de avanços entre a academia e o mercado. Produtos devem vir de algum lugar, seja da garagem de um artesão ou da academia, de empreendedores ou de inventores, cientistas, ou de engenheiros, no geral, qualquer parte que seja. O importante é que haja essa interconexão com o mercado. Todo empreendedor deve ter um esquema ou modelo metodológico para aplicar e entre tantos, pode ser visto um caso no fluxograma I.

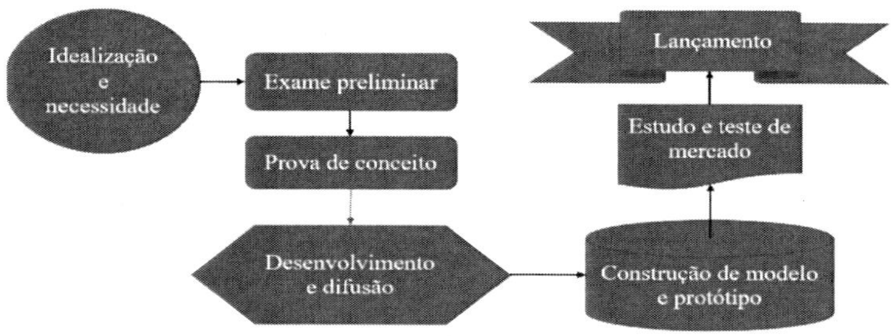

Fluxograma I – Descrição dos processos elementares para a concepção de um produto. Fonte: elaboração do autor baseado em sistemas de engenharia.

A eficiência e adensamento da complexidade no design são dependentes dos processos para sua formulação, assim como se guia pela criatividade humana. Critérios modernos têm tornado os projetos e seus requisitos mais complicados, porém, altamente sofisticados. Não importa o negócio do empreendedor, é importante ter ao menos uma noção de como os produtos surgem e são elaborados. Mas, mesmo gerando produtos de alta tecnologia, por que empreender é tão difícil? Empreender é a coisas mais fácil e prazerosa do mundo, porque a pessoa está sempre se comunicando com as pessoas e fazendo amigos. O problema ou dificuldade não é empreender, é achar demanda, clientes interessados, nichos e compradores. Mas, isso também não pode ser considerado difícil, então o que é o tal do difícil? É encontrar um produto ou serviço que tenha demanda, ao mesmo tempo que o empreendedor tenha muito disponível. Mas, isso basta? Não, porque se o empreendedor encontrar essa façanha haverá outro problema que será a infestação de concorrentes. Mas, no mundo dos negócios a concorrência não é motivo para não empreender ou desanimar. Quem faz o mercado e conquista seus clientes é o bom empreendedor, com bom atendimento, eficiência e preços. Além de uma outra centena de variáveis que dependem das ações do empreendedor como tecnologia, raridade e habilidade. Quando falamos em criar, inventar e desenvolver produtos há milhares de procedimentos e técnicas, mas um modelo aceitável academicamente é apresentado na tabela 10. Com alguns procedimentos padrão para a geração de produtos.

Tabela 10 – O ciclo de criação de produtos academicamente

Pesquisa	**Idealização**	**Projeto**	**Desenvolvimento**	**Revisão**	**Lançamento**
Ciência	Esboço	Desenho	Modelo	Análise	Marketing
Métodos	Tecnologias	Cálculos	Protótipo	Testes	Publicidade
Conceitos	Arranjos	Medidas	Simulação	Comparação	Vendas

Fonte: desenvolvimento do autor.

Embora esse procedimento seja suficiente, no mundo há métodos ainda mais elaborados de tecnologia e invenções onde os projetos se sofisticam ainda mais. Atualmente para desenvolver um produto ou serviço, praticamente é necessário ser um inventor, pela lei econômica demanda se faz com algo que resolva algum problema das pessoas ou que traga algo novo a agregar valor, tecnologia ou raridade, logo, isso ainda não é suficiente. É preciso patentear, e mesmo que se obtenha a patente, não é suficiente, porque os concorrentes irão mudar uma pequena parte do mesmo e podem imitar. Logo, o que realmente garante então alguma segurança ao empreender? É a complexidade nos produtos ou serviços, assim como dificuldade de encontrar matéria-prima e outras complexidades tecnológicas e a excelência em atendimento a geração de ofertas internamente e constante que gera demandas. De qualquer modo, isto por si só afastaria a concorrência e iria garantir por um bom tempo o mercado ao empreendedor. Novos modelos de negócios surgiram, alguns disruptivos, tecnológicos, e empreender realmente está se tornando mais concorrido, sofrível e complexo.

Se em décadas atrás se dizia que qualidade e atendimento de excelência já não eram motivo de destaque, e apenas uma obrigação para estar no jogo, na atualidade podemos dizer que ter uma tecnologia, uma inovação, um valor agregado ao produto é apenas o básico para se estar no jogo. E se as coisas caminham para a alta complexidade, qual seria o motivo de conseguir ser único, ou seja, além de encontrar um produto, serviço, um negócio, logo, ter um mínimo de conforto no mercado, ou seja, demanda, vendas, faturamento e possibilidade de crescimento? Ao que tudo indica, e pela observação de quem está em posições ao menos aparentemente confortáveis, podemos induzir que é a alta inovação. Normalmente com alto nível de tecnologia, concentração de dados, ciência e realmente disruptivo, sobretudo praticado, somente a quem consegue algo redundante revolucionário, único e inovador.

32. Saindo fora da caixa imposta

Atualmente há problemas econômicos graves na maioria dos países, instabilidade política constante e falta de investimentos, falta de planejamento estratégico de longo prazo, tornam o desemprego e a pobreza em um flagelo intransponível. Sendo um desafio que atinge algumas sociedades, como a brasileira que se mantém neste imbróglio sem fim. Colecionando décadas perdidas em sequência e isso não é normal a países continentais. Sob a perspectiva histórica pouco se viu alternativas se apresentarem para que as pessoas consigam um bote para se salvar deste navio afundando. E como uma tentativa ao menos de inovação, este estudo foi realizado de ponta a ponta pensando em identificação de casos, detalhes e prováveis soluções para que as pessoas consigam individualmente seus botes salva-vidas, e a promoção da reindustrialização. Com políticas sérias, ou investimentos do estado em promoção industrial planejado com detalhes de longo prazo. Tudo com investimentos reais em infraestrutura, ciência, progresso, criação de pólos industriais, reindustrialização e não em especulações improdutivas, como já há no mundo consenso sobre progresso e produção no ocidente.

Seguindo essa premissa sobre a realidade, e ao analisar tantos detalhes, a obra aos poucos tentou gerar como já informado, metodologias, processos, procedimentos, índices e alternativas para que seja agora ou futuramente gerados modelos para as pessoas possivelmente seguirem ou sobre esses modelos criarem seus próprios procedimentos. Seria algo semelhante a tutoriais para que as pessoas possam refletir, estudar e criar seus próprios caminhos. Como um escape do senso comum e das arapucas armadas por excesso de distrações. Algo como observado no mundo da computação que é ensinado ou aprendem por conta de procedimentos de programação, que seria a boia ou bote salva-vidas, e a partir desse conhecimento os programadores desenvolvem suas aplicações inovadoras, ao qual conseguem empregos ou até mesmo fundar empresas, um modelo válido para todas as profissões. Portanto, esse procedimento não muda, tanto para qualquer tipo de ofício ou negócio, seja do mais simples ao mais sofisticado que use instrumentos de laboratórios complexos com análises acadêmicas complexas. Seguindo o texto, o leitor irá verificar uma sequência de pontos analisados a serem discutidos sobre detalhes profissionalizantes e de empreendedorismo.

"*A recompensa nos negócios vai para a pessoa que transforma ideias em algo*". William Benton.

Há na psicologia geral algo chamado comportamento de manada onde as pessoas não pensam e seguem os outros, sem questionar ou parar para refletir se aquele caminho é de fato o certo ou o melhor. Infelizmente as coisas não são fáceis e seguir a maioria é sempre o caminho mais confortável. Quando vemos verdadeiras multidões se inscrevendo e cursando escolas superiores de ensino particular, a maioria absoluta sem ter condições para pagar tais cursos, até se endividam. Um claro indício de falta de planejamento do estado, mas é observada neste comportamento uma espécie de comportamento de rebanho, sendo que a maioria não quer de fato ter uma carreira acadêmica como de fato seria o caminho a ser seguido, e sim um emprego com um salário melhor. No entanto, para isso, bastaria um curso técnico profissionalizante e não uma universidade. Após a profissão poder-se-ia investir em algo acadêmico. Assim, o comportamento de manada predomina e a maioria segue um caminho tortuoso que resultará em um mar de gente desempregada com diplomas criando mofo na parede, a maioria desempregada ou em outras funções que não precisam de diploma algum. Não é uma questão de querer, é apenas a realidade que envolve a lei básica de oferta e demanda. Por essa razão, é importante se pensar e agir fora da caixa coletiva de pensamento e comportamento. Encerrando esse parágrafo lembramos que fundadores das maiores multinacionais do mundo não possuíam diplomas, e a falta de diploma não limita quem tem objetivos bem traçados.

A busca por rotas alternativas

Você sabia que a atual primeira-ministra da Alemanha, Ângela Merkel, é formada em curso técnico de físico-química? Quantas pessoas no Brasil têm essa formação técnica ou graduação em química e correlatos? Estariam elas aproveitando completamente o seu potencial? Mas, como se poderia sair da caixa comum e adentrar em algo novo, ao qual a maioria das pessoas não fazem, mas poderia resultar em um mercado potencial a ser explorado como empreendedor ou como empregado ao se tornar expert em produtos. Ou ser uma pessoa especialista em fazer bolos artísticos, ou pães com formatos personalizados, ser perito em pintura candy, aprender a fazer instrumentos musicais. O famoso Nikola Tesla, quando criança, ao passar por uma loja de livros usados, provavelmente em Smiljan, na Croácia, onde nasceu e morou sua infância, comprou, ainda criança, um livro sobre eletricidade e eletrônica. Dizem que ele leu esse livro milhares de vezes, a ponto de tomar conhecimento de cada termo. Simplesmente, foi um assunto que adentrou no âmago de usa alma. Quando isso ocorre, desperta o interesse genuíno e criativo da pessoa ao qual esta pessoa dedicou a sua vida a este assunto. Não é preciso detalhar aonde ele chegou com isso. Vamos explicar algumas alternativas para sair do comum. Sair da caixa é como sair da estrada e buscar uma rota alternativa sem GPS, sem mapas, sem nenhuma garantia. É um caminho arriscado, mas se bem planejado e pensado previamente, é como encontrar um atalho por onde não caminha a manada, porque empreender é como ser um desbravador e buscar outros caminhos. Não é fácil, mas é possível e existem muitas formas alternativas de buscar esses caminhos alternativos. Seria muita pretensão querer listar as alternativas ou gerar uma tabela para isso, mas há metodologias e até palavras e frases-chave para dirigir a mente a este caminho.

Sem listar caminhos alternativos como exemplo, e deixando claro que não se pode subjugar a mentalidade humana em sua habilidade de criar coisas novas. É necessário se desenvolver uma metodologia própria com alternativas, incluindo palavras-chave e frases para se tentar sair do senso comum e buscar o novo. E durante esse processo continuar buscando emprego, os mais simples e com o que ganhar ir tocando a vida e se especializando com estudos, leitura de livros, cursos, e se dedicando a construir o próprio bote salva-vidas.

Sempre questione e nas respostas poderá encontrar as oportunidades

Tenha sempre em mente e questione tudo, qual é a razão daquilo ser daquela forma e ter aquele comportamento e não outro? Sempre coloque o ponto de interrogação nas coisas, esse é um comportamento nato a bons empreendedores. Questione e crie o hábito de pensar as coisas de outra forma, e.g., qual a razão daquele local não ter algo novo, como duas rodas-gigantes paralelas ou cruzadas, ou ter um parque maior com mais árvores na cidade e ecologia, junto a locais mais inusitados com áreas de alimentação igual a um shopping ao ar livre, há muitas possibilidades de negócios. Por exemplo, ao se caminhar próximo a uma escola se questionar, qual é a razão de não haver nesta uma horta comunitária, para ensinar as crianças o tanto que a natureza tem a ensinar? Como é o ciclo da plantação, geminação, como tratar com sementes e a terra, técnicas agrícolas, e educação ambiental? Ou questionar, sobre qual a razão de não haver mais concentração de pessoas em pouco espaço e ao contrário, residências são espalhadas por toda a cidade, causando grandes distâncias a serem locomovidas para o trabalho? Como observado nesses pequenos exemplos, a tudo podemos questionar e pensar de outro modo, e esse é um caminho que empreendedores de sucesso ousaram fazer. Ao se questionar as respostas podem resultar em oportunidade de negócios.

Fora da caixa e do senso comum em um exemplo

A criatividade humana não tem limites, por essa razão é certo que encontrar rotas só depende da ação individual, e seguir alguns processos. Imagine se tornar um especialista e conhecedor profundo dos produtos de alguma empresa. Com um conhecimento sobre empresas complexas, o profissional estará em outro nível no mercado. As possibilidades são imensas, desde ser um consultor, um especialista em usos dos produtos, vendedor especializado, editor divulgador dos produtos e mais de mil possibilidades. Assim como um empreendedor, já que terá conhecimentos profundos dos usos comuns dos produtos de empresas tecnológicas. Conhecendo os nomes, fichas técnicas, folhas de dados, documentações, catálogos, especificações técnicas, no geral, toda a documentação. São muitas empresas, na tabela 11 foram selecionadas dez empresas de alta complexidade com excelentes produtos de alta tecnologia. Cada uma dessas empresas listadas possui uma quantidade enorme de produtos com alto poder para colaborar em uma possível reindustrialização. O leitor de acordo com o seu ramo de atuação ou pretendido a ser explorado pode criar a sua própria lista de acordo com a sua profissão, seja de produtos ou serviços, e baseada nessa lista estudar profundamente todos os detalhes de cada produto e serviço. Para tanto, colecionar os catálogos dessas empresas, participar de eventos, palestras, feiras, compreender cada produto, cada uso comum, estudar os produtos das empresas em seus mais singelos detalhes. Simplesmente, colecionar seus catálogos e estudar seus produtos profundamente. Ler e compreender cada termo, texto do site dessas empresas, aprender como se comunicam corporativamente, cada mínimo detalhe, um a um a nível profundo. É algo que poucas pessoas fazem, mas que tem potencial de levar um profissional a sair do senso comum, ou seja, sair da caixa comum e deixar a manada para tornar-se um desbravador.

Tabela 11 – Descrição de empresas complexas com produtos de alta tecnologia

Nome Companhia	Quantidade de Produtos *	Potencial Tecnológico
3M	Acima de ~1000	Produtos de alta tecnologia oportunidades e aplicações
BASF	Acima de ~800	Produtos de alta tecnologia oportunidades e aplicações
BAYER	Acima de ~500	Produtos de alta tecnologia oportunidades e aplicações
DOW	Acima de ~600	Produtos de alta tecnologia oportunidades e aplicações
DUPONT	Acima de ~1000	Produtos de alta tecnologia oportunidades e aplicações
HELM	Acima de ~300	Produtos de alta tecnologia oportunidades e aplicações
HENKEL	Acima de ~1000	Produtos de alta tecnologia oportunidades e aplicações
MERCK	Acima de ~1000	Produtos de alta tecnologia oportunidades e aplicações
RF Chenco	Acima de ~200	Produtos de alta tecnologia oportunidades e aplicações
Sigma-Aldrich	Acima de ~1000	Produtos de alta tecnologia oportunidades e aplicações

Fonte: Desenvolvimento do autor - * Valores estimados (~) com base nos catálogos das empresas listadas

É preciso inventar e criar

O mundo está ficando complexo e difícil, e tanto conseguir emprego quanto uma ocupação como empreendedor ou mesmo prestador de serviços a cada ano exige um volume condensado maior de informações complexas, diversificadas e encadeadas, exigindo de empregados e empreendedores grandes esforços para se manterem atualizados. Em alguns casos até a atualização vem se tornando difícil, mas é importante e preciso se atualizar, inventar, criar e inovar. Desenvolver produtos e ter alta qualificação envolve estudo constante. Um exemplo para esse fim são os fóruns virtuais técnicos, publicações, cursos rápidos e o *design thinking*. Para formar novos produtos há as técnicas de engenharia de produtos que se consolida e se baseia em um conjunto de esquemas condensados para formar e organizar ideias, insights, soluções, informações e conhecimentos. No caso do *design thinking* esse procedimento se tornou uma ferramenta acadêmica e corporativa, apresentando alta eficiência e resultados, especialmente no ramo da engenharia moderna. O *design thinking* tenta concentrar os métodos de maior sucesso no desenvolvimento de produtos para se tornarem uma ferramenta padronizada. Mas, acima de tudo, suas disciplinas treinam a mente a pensar fora da caixa, ensina as pessoas a abstrair do senso comum inovações, repensar as coisas, negócios, cidades e muito mais. Portanto, sendo um algo a mais na geração de empresas e empregos e se torna obrigatório a quem quiser sair da caixa a compreender e usar.

Discussão sobre a realidade

A desindustrialização acaba por gerar muito desemprego e falta de diversidade econômica, colocando pessoas em situação de vulnerabilidade pelo desemprego. Logo o que resta é improvisar e não esperar tanto por empregos na maioria dos países. Nada prova mais isso que a realidade, como comprovado pelo altíssimo nível de informalidade e pessoas abaixo da linha da pobreza extrema. No geral, empregos estarão cada vez mais raros e sem perspectiva de que haja oportunidades para a maioria. Por isso é importante sair das estradas das manadas e procurar meios alternativos. A cada dia haverá menos empregos e mais dificuldades para que as pessoas consigam uma fonte de renda, e sair fora da caixa não é mais questão estratégica é uma questão de sobrevivência. Na realidade, a maioria das pessoas comuns pobres não possui nada, e para conseguir sair do ostracismo em época que há poucos empregos, alta concorrência e muitos problemas sociais, nunca foi tão importante encontrar nichos, demandas. Como diz o ditado popular: *sem dor, sem ganhos*. A cada dia há mais concorrência e exigências para se conseguir o sustento, e conseguir as coisas custa esforços e sacrifícios. No Brasil há uma rica e extensa indústria editorial produtora e detentora de listas das empresas setoriais e corporativas, trazendo detalhes sobre essas companhias e seus produtos. São publicações editoriais como revistas especializadas nos setores de mecânica, química, eletrônica, instrumentação, máquinas e tantas outras revistas e livros especializados, e.g., no Brasil a revista química e derivados, revista mecânica, revista sobre eletrônica e tantas outras com alta qualidade e profissionalismo acadêmico, comercial e corporativo. Considerando os assuntos mencionados e estudados, podemos induzir que é evidente que sempre há alternativas de pular fora do navio que afunda e conseguir seu bote salva-vidas, com os radares acionados para novas rotas, novos caminhos, e oportunidades de negócios que ninguém nunca pensou. E sempre estar atento a encontrar nichos e oportunidades, seja de trabalho ou de novos negócios, e assim adquirir mais conhecimento, novas habilidades ou oportunidades de fazer novos amigos e redes de contato. É um dos poucos meios para se enfrentar os tempos escassos que estão a caminho.

Segundo algumas pesquisas, inclusive televisadas, a maior parte dos jovens quer emprego e não diploma, é o que constatou pesquisas informais realizadas com adolescentes prestes a sair do colegial. E o caminho mais rápido é o curso técnico profissionalizante rápido, eficiente e muito mais barato. No estrito limite da palavra, seguindo os termos de definição e a função de instituições, a verdadeira função de uma universidade é a de produzir conhecimento, produzir inovação, realizar estudos sobre assuntos complexos, se especializar em um determinado assunto para o elevar. E não ser uma escola profissionalizante para o mercado de trabalho. É um assunto polêmico, e há quem não concorde, mas é um assunto que pode ficar aberto a questionamentos e discussões. Sem dúvidas que há casos no qual há pessoas que após a universidade conseguiram bons empregos, mas isso entra na questão de oferta e demanda. É um assunto que envolve o mercado, a economia, e centenas de outros assuntos, não é algo simples de explicar, mas para o jovem de recursos limitados, há outros caminhos alternativos, como os cursos técnicos para entrar rapidamente no mercado de trabalho.

Há tempos, uma companhia aérea, provavelmente a TAM com sua excelência em atendimento colocou uma publicidade na TV muito bem elaborada. E a frase final da campanha publicitária era: "*nós estamos aqui para lhe servir, venha voar conosco*". É neste aspecto que os profissionais das novas tecnologias devem ter em mente, além de sua qualificação, ter em mente que o mercado cada vez mais irá solicitar pessoas que estejam aptas a produzir, atender e gerar resultados. Não é questão de reinventar a roda, mas talvez falte mesmo o que Dale Carnegie (Carnegie, 1936) já tanto ensinava, que estamos no mercado para servir e não sermos servidos.

33. A realidade econômica sem cortes

Quais seriam as causas da pobreza além da concentração de renda extrema e a falta de oportunidades? Apesar de tanta tecnologia e eficiência dos processos e transportes, em nossos dias ainda vemos as famosas e históricas filas de sopa, uma imagem icônica da pobreza, e uma clara prova de que ainda há muitos pobres e pessoas excluídas da sociedade, imagem 17. Na economia real, os empregos podem ser divididos em baixíssima, baixa, média e alta tecnologia, e dentro dessa divisão é onde há os grandes problemas, e onde ocorrem as disparidades sobre os problemas nas ofertas e demandas, com baixos volumes de empregos. E para se vencer ou combater a pobreza a questão mais atual é a busca por geração de empregos.

Imagem 17 – A grande depressão econômica - Fila de desempregados. Fonte: The History Chanel C1929

As novas tecnologias sempre destroem empregos de um lado e criam de outro lado empregos de alta qualificação. No entanto, na atualidade com a digitalização das coisas e boa parte das empresas digitais, junto à customização dos processos, essas novas tecnologias têm o poder de destruir empregos de um lado e do outro gerar empregos complexos de alto nível assim como subempregos, certamente é sempre melhor ter pouco a nada, mas os processos sempre podem operar de modo a beneficiar ao máximo de pessoas. Há ainda a esperança no setor manufatureiro de indústrias reativado. É neste ponto que os sindicatos e justiça adentram na história para ajudar e colaborar. Vamos colocar como estudo de caso os frentistas no Brasil que são trabalhadores que atendem em postos de combustível. Essa profissão já não existe nos EUA há décadas, e tentaram eliminá-la no Brasil, mas a justiça e sindicatos agiram e impediram a sua extinção, e o resultado está em milhares de pais de família empregados. Tome como exemplo os cobradores de ônibus, alguém viu o valor de passagem diminuir após a eliminação dessa profissão? Com a eliminação desse cargo o que resultou foram mais pessoas desempregadas e cobranças eletrônicas. A alta tecnologia não gera empregos em volumes suficientes, é uma questão de oferta e demanda simples. O gráfico I apresenta uma visão clara da decrescente necessidade de mão de obra na agricultura mecanizada, claramente observada no período de 1800 a 2000 exponencialmente em queda.

Gráfico I – Decréscimo do uso de mão de obra humana na agricultura nos EUA. Fonte: (USDA, 2006).

Infelizmente, com a digitalização dos negócios, a regra de muitas grandes companhias sofreu modificação. Em muitos casos forçando a extinção de negócios, processos e enxugamento extremo de funções e ofícios. Ocorre uma queda forte na existência de empresas e ainda mais de indústrias, e ao mesmo tempo há cada vez mais pessoas querendo entrar no mercado de trabalho já que a população cresce exponencialmente, desequilibrando a oferta e demanda de muitos países devido a não haver programas de incentivo econômico, pujança industrial e desenvolvimentista. Se tornando uma questão matemática, a conta não fecha, e o resultado é o desemprego e a pobreza. Há milhões de pessoas sem emprego em um cenário que só piora, onde não há emprego para todos e os que conseguem, em sua maioria são empregos precários, sem garantias. O desemprego em massa afeta milhões de pessoas pelo mundo, e não é uma questão de qualificação. O termo qualificação apenas se tornou uma forma conveniente usada para transferir a culpa do desemprego estrutural para a própria pessoa. Relatos indicam pessoas que trabalharam em áreas complexas de empresas de produção de alta qualificação, e treinaram vários estagiários e aprendizes, e até hoje se impressionam com a capacidade dos jovens de aprender funções complexas quando tem uma oportunidade. Boa parte destes aprendeu tão rapidamente que até se igualou em capacidade e qualificação com pessoas em cargos com mais de 10 a 15 anos de experiência, provando a capacidade das pessoas quando se tem o ambiente propício. É uma questão de oferta e demanda e não de falta de experiência, já que se aprende fazendo e colocando o aprendizado técnico ou acadêmico em prática. O sistema especulativo, automação massiva e técnicas de concentração de renda estão danificando a economia real não gerando empregos em volume, em muitos casos destruindo empregos. Um exemplo atual é uma espécie de precarização de empregos em quase todas as profissões. O desemprego em massa está lentamente se tornando estrutural algo geral e comum basicamente uma pandemia de desemprego, a imagem 18 está se tornando uma praxe, algo comum do dia a dia. É exatamente isso que está acontecendo, parece que estão nos fazendo aceitar a se conformar com o desemprego eterno e permanente.

Imagem 18 – fila de desempregados - o desemprego em massa estrutural contínuo. Centenas de pessoas esperam na fila em uma feira de empregos em San Mateo - Califórnia. Fonte: (*EquitableGrowth*, 2009).

Uma das razões mais claras sobre o desemprego em massa, ou seja, a oferta e demanda em desequilíbrio exposto, poucas empresas e muita gente. Na maioria dos países no mundo não há a criação de empregos em volume e sim a eliminação de empresas em alto volume, em parte pela digitalização econômica que também gera empregos qualificados, mas elimina os básicos. O desemprego em massa se tornou mais uma das doenças de cidades, uma constante em todos os lugares enquanto o mundo automatiza tudo e concentra mais renda como nunca visto. A grande questão se baseia na premissa de: se o mercado irá regular esse desastre social de tanto desemprego. A pobreza e a miséria se combatem com programa de estado e incentivos às empresas produtivas que geram empregos. Com ações energéticas de programas de geração de empresas e promoção do progresso industrial equilibrado com projetos e normas reguladoras junto aos setores financeiro e digital, de forma a ambos trabalhar juntos para a geração de empresas e empregos. E acima de tudo com liberdade econômica regulada pelo investimento do estado, ou seja, com facilidade para empresas gerarem empregos e produção. Com prioridade máxima na alta competição e na geração de empregos. Essas ações são necessárias e vitais para corrigir a disparidade dos erros e injustiças de oferta e demanda.

É preciso incentivar todos os setores da economia como uma ação de estado fundamental, com estratégias de mercado e investimentos em progresso e ciência industrial, setores especialmente que empregam muito. Ramos econômicos como os de alimentos básicos, bancário, industrial de manufatura, indústrias de base, indústrias de ciência e alta tecnologia, indústrias de extração e mineração, materiais, saúde e cuidados, tecnologia, turismo e utilidades. Lembrando de respeitar as regras sensíveis do mercado, já que uma mudança no suprimento em qualquer mercado pode causar queda ou subida dos preços. Manter o equilíbrio é fundamental para haver saúde econômica. A questão deve ser nutrida e exposta. Não há emprego para todos e o desemprego leva à pobreza e aos problemas sociais constantes. Na atualidade, milhões de pessoas qualificadas são excluídas do mercado de trabalho e veem suas habilidades e conhecimentos sendo lentamente depreciados. Ao mesmo tempo, vêm mais e mais profissionais adentrando no mercado de trabalho com cursos e habilidades atualizadas, acima das que estes possuem. No geral, com a digitalização da economia muitas pessoas se veem em uma espécie de catch-22 ou Ardil-22 ou (sinuca de bico), e por mais que usem a lógica, se esforcem, se qualifiquem, estudem e procurem meios de evoluir, não conseguem sair do desemprego e dessa ciranda cruel de exclusão e ostracismo. E como se não bastasse o desequilíbrio nas ofertas e demandas, a alta concentração de renda, a alta concorrência humana, agora as máquinas inteligentes plenamente automatizadas e o pior de tudo a digitalização dos processos, regras de negócios alterados, claros sinais de um mundo em mutação. O desemprego é um fator sério, em especial nas grandes cidades podemos notar que a pandemia do desemprego em massa que é antiga, está se agravando e aumentando à medida que a economia se digitaliza e não gera empregos em volume, apenas elimina os mesmos. Devemos pensar em quantos caminhos existem, inclusive pensando no Keneysianismo clássico que é o que mais gerou empregos bons e honestos na história. Estudiosos da escola de Chicago que é uma formadora de lobistas do sistema financeiro discordam.

Em busca de soluções produtivas também há saídas além de formação de novas empresas, e em busca de uma circulação dual podemos pensar em moedas paralelas legalizadas, e.g., moeda social. A moeda social é um exemplo de moeda paralela que tem poder de fazer o comércio circular em pequenas regiões de economia fraca. Os problemas das cidades são evidentes, e com sérios desequilíbrios em suas ofertas e demandas e precisam de ações de alívio e correções, inclusive políticas. O índice para a taxa de desemprego evidentemente expõe os números de desequilíbrio, em especial das grandes cidades. O cálculo do índice de desemprego é apresentado em percentual que se dá pelo cálculo da divisão da soma da população desocupada pela população economicamente ativa e multiplicado o resultado por 100. Usando a famosa e tradicional fórmula (1) de índice de desemprego:

$$\text{Índice de desemprego} = \frac{(\text{PD})}{\text{PEA}} \cdot 100 (1)$$

Considere: **PD**: População Desempregada é a quantidade de pessoas desocupadas, **PEA**: População economicamente ativa, pessoas empregadas ou com uma ocupação que lhes garanta uma renda mínima. Fonte da fórmula: (IBGE, 2017).

Portanto, para tentar corrigir esse desequilíbrio na oferta e demanda, este trabalho tenta trazer uma metodologia alternativa ao comum. Apresentando negócios potenciais e inovações trazendo aos leitores outros pontos de vista nos mais diversos setores que se possa imaginar. Priorizando negócios de produção básica e programas intensivos de substituição de importados. Considerando toda economia real e seus setores, em categorias de negócios como: artes e entretenimento, ciência e tecnologia, esportes, estilos de vida, eventos, produção e exportação, jogos, negócios, política e governo, saúde, sociedade e transportes. Empresas do mundo virtual estão digitalizando e mudando os negócios tradicionais. Boa parte das empresas digitais concentra renda por uma engenharia altamente sofisticada de processos, controle total e domínio das regras de negócios e lógica de fluxos e processos dos negócios da economia real produtiva. Algo natural no mundo dos negócios que é o ganho pelos movimentos disruptivos, mas este é um motivo que chama a atenção para solucionar o problema dos excluídos desse jogo, ou seja, os altos volumes de desempregados. Levando-se em conta o que foi observado, podemos concluir que a questão do desemprego é um problema que parece ter se descolado da economia e que se isolou, descartou o mundo real, e não tem este problema em seus radares. Basicamente, como o mundo financeiro virtual está em outro plano, os problemas ficam no plano da economia real, logo não é problema destes.

Desde a década de 80 a ciranda financeira global não mais conhece fronteiras e se fortaleceu com o avanço do mundo virtual, como um cassino, rodando altos volumes especulativos puros pelo mundo e *hotmoney* que em sua maioria não gera nada nos países em questão de produção. Apenas especulação rápida, levando a força, a seiva dos países sem investir em produção. No entanto, essa obra trata de gerar negócios, produtos e empregos, e sobre a importância de se buscar austeridade, evitando os excessos e com ações energéticas pelo equilíbrio. Por essa razão, essa atualidade não poderia deixar de ser discutida. Diante de todas essas questões podemos considerar a importância da reindustrialização. Com a mentalidade de que há dois caminhos; o de buscar uma indústria de ponta ao mesmo tempo em que recompõe o tecido industrial despedaçado, e aquele mais simples, de produtos básicos com políticas de substituição máxima de importados. Se reindustrializar o país com indústrias de ponta é um desafio, reindustrializar o país com produtos simples ao qual o mercado está dominado por importados, em concorrência desleal, também é um desafio de igual magnitude. E nenhuma das opções é impossível. E isso sem considerar que ainda temos o desafio de construir uma malha de indústrias do futuro, integradas com o meio ambiente e comunidades, indústrias baseadas em modelagem científica, inovativa agrícola, indústrias de geoengenharia, indústrias de conservação e uso das águas, construção de uma amplificação entre ciência e os setores produtivos, políticas de intensificação de mecatrônica nos processos das cidades e malha produtiva.

No caso do Brasil, para a construção de uma indústria científica e de alto nível começa pelo investimento em ciência, sempre cobrando resultados práticos. E a construção da malha da indústria básica por programas de substituição de importados. Falamos de um produto simples injetado de plástico mesmo, um termômetro ou um relógio de plástico, do produto mais simples aos mais complexos gerando empregos no país. A indústria nacional no caso do Brasil poderia começar abraçando o desafio de substituir os produtos que dominam os centros comerciais atacadistas, dominados por produtos importados. Se é possível alcançarmos uma indústria de ponta, o mesmo tem que ser válido para reconstruir a malha industrial mais simples e esse desafio começa por substituir os produtos dos centros populares de venda atacadista.

34. Empreendedorismo atraente e decorativo de cidades

Não se gera empregos sem ter empresas em todo o leque econômico com o máximo de diversidade, incluindo todos os setores tradicionais, novos e inexistentes. A diversidade econômica é o primeiro passo na geração de mais empresas e consequentemente emprego. Diversidades na agricultura, indústria, comércio, serviços, sistemas financeiros e nova economia. Parte dessa diversidade é garantida por leis de zoneamento das cidades, sem permitir que setores poderosos com seus lobbys atropelem zonas exclusivas, como em casos no qual setores especulativos adentram em áreas de uso exclusivo industrial. São necessários controles, e.g., se há excesso de pessoas na cidade e nenhuma geração de negócios e desemprego em massa, consequentemente problemas ocorrem como a miséria e o desemprego, e isso é uma consequência de má administração das cidades, como alocação e falta de geração de polos produtivos. O mundo se divide em dois blocos, um é o bloco ocidental e o outro o bloco oriental, e nas últimas décadas o oriente se desenvolveu muito e se industrializou enquanto o ocidente se desindustrializou fortemente. Essa obra defende a geração de empregos, e tomando este conhecimento dos problemas das cidades em seu descontrole entre oferta e demanda, defende-se aqui que haja uma análise dos negócios passados e modernos que mais geravam empregos, e estes sejam incentivados e inclusive fomentados nas cidades, realizando uma lista, e inclusive com o incentivo a desapropriações de áreas próximas às cidades, para a construção de áreas para produção e instalação de áreas exclusivas a esses negócios geradores de produção e empregos em volume. Defende-se aqui, inclusive, a desapropriação de áreas residenciais, sem prejuízos a ninguém, para a geração de grandes espaços para a instalação de polos industriais modernos. Para a geração de empregos e combate à especulação dos espaços, sem qualquer limite, e assim gerar empregos para mais pessoas vulneráveis economicamente.

> *A cidade é o laboratório da humanidade, onde as pessoas se aglomeram para sonhar, criar, construir e reconstruir.*
> (Glaeser 2011).

Um caso muito famoso que gerava empregos nas cidades são parques de diversão, imagem 19, junto à economia criativa e outra conjuntura de empreendimentos formais e informais. Há de se considerar a volta dos parques de diversão inovadores nas grandes cidades, estes remetem a reflexões a novos negócios e dessa forma, quantas novas tecnologias poderiam surgir, mas os poucos parques de diversão são vistos como os mesmos há décadas, embora alguns inovaram muito. Mas, quais seriam as inovações dentro dos parques de diversão, e se haveria espaço para novos negócios? Sim, há inovações e há espaços para novos negócios com toda certeza. Um simples brainstorm ou concurso escolar aplicado em cursos de engenharia, técnicos, arquitetura e outros cursos específicos ao tema resultaria em centenas de inovações a serem usadas nos parques de diversão. Na atualidade, com as tecnologias de realidade aumentada, baixo custo dos eletrônicos, displays maiores, tecnologias de hologramas, e efeitos especiais de toda espécie. Os parques temáticos têm grande potencial para inovar, assim como surgir muita coisa nova. Os hologramas mecânicos e digitais são um exemplo da quantia imensa de modernidade que há para se atualizar nos espaços temáticos. Um remodelamento compacto dos parques de diversão em algumas cidades e municípios traria revitalização econômica. Certa vez ao caminhar pelo subúrbio, um rapaz falou para o outro: "*essa cidade é o fim do mundo, não tem nada, só casas*". Na realidade, a revolta expressa por esse jovem foi plenamente válida. É uma forma simples de ver a realidade onde a especulação de espaços e o crescimento descontrolado da cidade desordenado causaram desequilíbrios. Embora empresas possam ser geradas pelas próprias leis de mercado a questão de zoneamento das cidades que tem um poder extremo na diversidade econômica. Não há como haver diversidade econômica sem espaços exclusivos para alguns setores. As cidades não podem existir apenas e exclusivamente para moradias, como cidades dormitório. É visível que a diversidade econômica é vital. É necessário espaço para empresas, empregos, parques, diversão, produção, setores manufatureiros e de transformação, eventos, muita natureza e acima de tudo, espaço para produção industrial e espaços para economia em geral. Portanto, onde está o equilíbrio na maioria das cidades?

Imagem 19 – Parque de diversões moderno. Um modelo de empreendimento decorativo de cidade. Fonte: (Pixabay, 2020).

Tomando como exemplo países desenvolvidos, há a economia pela cultura POP que movimenta bilhões. Há feiras e eventos corporativos, acadêmicos e culturais, no caso da cultura POP envolve eventos para adolescentes. O poder da cultura POP Geek é só um exemplo de geração de empregos e atrativo para a geração de produtos. A cultura conhecida como POP é um atrativo a jovens que envolve músicas, comportamento, indústria de artigos e moda, além de eventos, shows, lojas, encontros, publicações como revistas, adesivos, livros, gibis e feiras corporativas. No geral, é uma cultura que gera toda uma indústria de produtos, comércio, serviços e consequentemente empregos, promove a convivência e ao mesmo modo que produzem o consumo. Basta ver as letras do astro Michel Jackson, Madona e outros, são astros do POP, assim como outras músicas, como as da Coreia do Sul que geram muitos produtos manufaturados. São atrativos musicais para os jovens. Ajudar aos jovens empreender em espaços próprios para estes fins é uma ação que resultaria em empregos. Pensar nestes tipos de empreendimento fora da caixa são alternativas a essa nova economia que se instalou pelo mundo virtual, financeiro e de novas tecnologias com processos modernos e reduzidos. Há uma falta de embelezamento dos bairros e cidades no Brasil, e isso se deve em parte à pobreza, mas em grande parte ao desleixo de sucessivas administrações públicas incompetentes, assim como falta de iniciativas privadas.

Exemplos de empreendedorismo atraentes são classificados em obras e negócios que atraem turistas para a cidade e são vários exemplos, mas poucos no Brasil. Um exemplo é a roda gigante instalada no Rio de Janeiro, a Rio Star que já virou um ponto turístico conhecido nacionalmente, gerando empregos e atraindo novos negócios próximos. Embora possa ter um nome mais adequado, não se deve confundir os chamados aqui de negócios decorativos de cidade com a economia criativa. Um exemplo de atrativo neste estilo seria uma ponte com arquitetura única, bonita como uma joia e com atrativos na mesma, além de servir como ponte, também, como um espaço para economia criativa ou com outros atrativos. Construída com mais espaço nas laterais.

Observando essas complexidades de nossos tempos na economia fica cada vez mais difícil apresentar um planejamento de carreira e profissão aos jovens, já que a economia virtualizada está customizando e reduzindo processos nas empresas, e, portanto, reduzindo empregos, embora criando outros. Ao se observar que os empregos gerados atuais estão cada vez mais exigindo alta qualificação técnica em sua maioria, ainda há muitas profissões na economia tradicional se atualizando e se modernizando. Independentemente de onde cada profissional escolha atuar, a atualização constante e de primeira qualidade, seja um emprego considerado simples, independente da profissão, todas estão exigindo alto conhecimento.

35. Criadores de desemprego em massa

Embora os setores de automação, digitalização e financeirização massiva tenham acabado com muitos empregos, devido a alterações em processos de produção tradicionais, os mesmos setores ainda conseguiram gerar empregos em volume, muitos com qualidade, mas, a apenas algumas elites e não empregos às massas. O mundo mudou rápido, em um caso simples, com os celulares, pessoas deixaram de comprar calculadoras e mapas impressos. São tantos os casos, que ficaria chato descrever tamanho volume de nichos de negócios reduzidos ou eliminados. O aparente desemprego sem volta que a digitalização econômica está gerando no mundo é irreversível até o presente momento. Sem esquecermos que as pessoas são seres dinâmicos e mesmo pessoas com baixa qualificação buscarão alguma ocupação. O progresso sempre esmagou as tradições e os meios de produção mais lentos, mas, na atualidade, é uma pura questão de sobrevivência. Vários livros e estudos estão discutindo este fato, está ocorrendo uma verdadeira assolação do trabalho e da produção. Embora novas economias e inovações estejam surgindo e apontando novos setores com empregos, ainda há dúvidas. Ninguém em sã consciência seria contra uma economia verde que seja mais ecológica. O que não podemos aceitar é o fato de nos obrigarem a sermos ecológicos usando motores, painéis solares e demais aparatos vindos de outros países enquanto o ocidente, e mesmo o Brasil, permaneça sem indústrias, morrendo na miséria e no desemprego. A favor da economia verde sim, mas com desenvolvimento e produção local.

> "*A informalidade e a imaterialidade são partes constitutivas da criação de riqueza e de valor, de que são exemplos os infoproletários ou os ciberproletários*". (Antunes R., 2018).

Toda essa discussão traz os conceitos e reflexões que levam ao livre mercado absoluto e o retorno ao Keynesianismo clássico na eterna luta entre escolas econômicas que vão dos mais radicais da escola Austríaca aos formadores de especialistas do setor financeiro e lobistas do sistema financeiro da escola de Chicago. Sobre o Keynesianismo podemos considerar até que ponto haveria uma extrapolação entre um e outro e qual estaria mais dentro da realidade de nós pessoas comuns. Do ponto de vista da realidade, o ideal seria uma mistura entre todos esses setores, atuando ao mesmo tempo, porém com limites. Se o estado arrecadou impostos e há pesquisas a serem realizadas, por qual razão não investir em algo que poderá gerar indústrias, produção e empregos em longo prazo. Uma indústria de brinquedos bem simples, a mais simples que você já tenha visto, sem qualquer tecnologia. Uma indústria desses brinquedos tem capacidade de gerar vários empregos às comunidades locais por décadas, ou .seja, empregos de longo prazo. Diferente do caso de políticos que priorizam somente a construção civil, sem diversidade econômica, no qual o cimento secou acabou o emprego, algo natural ao setor. Nas indústrias mais simples observa-se algo contrário, empregos constantes e de longo prazo, é uma pequena renda, mas constante ao longo dos anos para as pessoas. E esses trabalhadores ajudam a gerar empregos aos comércios locais e gerar riqueza. Uma indústria que seja, gera empregos a comunidades locais, assim como setores públicos, é uma forma de distribuição de renda indireta, além de prestarem serviços às comunidades, ambos ajudam os comércios locais operando.

A importância de se reservar uma parcela do PIB para produção

Seria certo privatizar o lucro e socializar os custos, como ocorre em muitos casos? Por haver tanta virtualização, e por um equilíbrio no mundo dos negócios, nunca foi tão importante valorizarmos as profissões mais tradicionais, como os industriários, e trazer a economia para a realidade produtiva. Assim como muitas funções públicas com mais valorização a esses trabalhadores que em alguns casos ajudam a sustentar economicamente os municípios. A razão é simples, ao promover a diversificação dos negócios, as oportunidades ocorrem. Em países pobres como o Brasil, considerado de baixa e média renda, oferecer serviços de qualidade a baixo custo é uma solução que pode gerar muitos empregos, e.g., clínicas dentarias de baixo custo já existem, assim como clínicas médicas. Mas, como gerar empregos em volume, é esse o objetivo no final das contas e seria com mais indústrias. E estamos observando ações de grandes países promovendo uma reindustrialização chamada verde. Mas, sempre verificando se essa tal economia verde seria uma faca de dois gumes, eliminando mais empregos que os criando, ou essa revolução poderia de fato gerar empregos ao menos duradouros? Na criatividade e engenharia na modelagem de processos nada é impossível, portanto, devemos atentar aos detalhes. Até que ponto haveria um equilíbrio entre as antigas indústrias, as novas alternativas e os empregos em volume? É fácil proibir os carros a derivados de petróleo incentivando carros elétricos, mas já mediram os impactos ambientais para a produção dos motores elétricos, suas baterias e o descarte? E considerando que boa parte virá pronta de países da Ásia, como ficam os empregos no Ocidente? Por essa razão, não devemos considerar uma escola econômica especificamente, e muito menos na revolução industrial verde depositar total confiança, ou a qualquer que seja o mesmo, e sim em como gerar empregos em volume. Sejam os mais simplórios casos aos mais qualificados.

No entanto, ainda há outros problemas que acabam por eliminar empregos, e.g., quando o excesso de caciques coloca a tribo em risco. As frases populares são um tesouro que guarda verdades que às vezes nem a academia explica, e uma dessas frases é muito usada em ambientes corporativos quando se nota o excesso de reuniões e caciques, e poucas pessoas executando os serviços essenciais de fato, realizando e fazendo acontecer. Na ciência não é diferente quando vemos verdadeiro excesso de caciques e poucos índios lutando, trabalhando e fazendo ao menos o básico. No caso da ciência, nota-se isso quando vemos a maioria dos pesquisadores como caciques, realizando pesquisas básicas a espera de serem os próximos Einstein e quase nenhum fazendo as coisas tomar forma. Exatamente isso, há um problema e falta de empenho nos usos da ciência, principalmente na transformação da ciência em tecnologia. Além de um desinteresse geral dos jovens sobre a cultura de manufatura, querer saber como as coisas são feitas e como as tecnologias acontecem, embora haja exceções é preciso reativar as indústrias de fundo de quintal. Junto à perda do espírito e cultura artesanal e manufatureira da maioria das pessoas há ainda o problema da pobreza, que impede as pessoas de obter o necessário para fazer as coisas. Ao menos um interesse real sobre como as coisas são feitas não é observado também porque não há um ambiente propício a este fim. Normalmente, primeiro é realizada a ciência básica, o trabalho acadêmico árduo, em seguida baseado nessa ciência são criadas tecnologias e das tecnologias ramificam produtos. Embora, alguns professores pardais conseguem ter uma ideia e realizar o inverso. Primeiramente visualiza algo, e vai atrás da tecnologia e ciência necessárias para desenvolver o produto. E além dessas formas há ainda a engenharia reversa que se baseia em mimetizar ou copiar algo por sua desmontagem seguida da remontagem com remodelação. Os empreendedores, especialmente os que desenvolvem produtos devem ter esse conhecimento. Essa base na ciência e de como usualmente os produtos passam a existir do chamado nada, mas que no fundo tem uma base bem abstrata que são as ideias, e muito sólida que são os métodos, técnicas e ciências, estes são o conjunto que gera o berçário dos produtos.

Conforme apresentado, se observa que há alternativas, e há formas de gerar empregos mesmo em uma economia fraca ou fortemente virtualizada. Ideias simples, ações e até incentivos em determinados setores podem trazer ao presente sistemas produtivos e de ocupação para as pessoas saírem da pobreza e terem uma qualificação e uma renda. Não se deve aceitar apenas uma imposição como a única e jogar fora todas as habilidades passadas ou mesmo um setor que poderia ser mais útil às pessoas do que outro. A palavra negócios "ultrapassados" deveria ser eliminada, e.g., se há demanda para as famosas listas amarelas, mesmo em tempos digitais, sendo que essas listas ainda têm força e podem gerar empregos, porque não as reativar, mesmo que de forma subsidiada? De que adianta algo ser eficiente para algo e prejudicar a maioria das pessoas? Essas reflexões devem ser pensadas, devemos sempre considerar os prós e contras. Uma industrialização verde que irá gerar empregos na Ásia e o Ocidente de cabeça para baixo irá comprar sem ter os empregos, como fica essa balança, sendo que os poderes por si dizem que existem para nos trazer o equilíbrio. É bom que todos fiquem atentos aos criadores de desemprego em massa. Aquelas mensagens no final dos e-mails no começo dos anos 2000 diziam para não usarmos papel, mas a maioria absoluta das fábricas de celulose usa papel de replantio, e gera empregos em volume em toda a sua cadeia. São indústrias fantásticas, sequestradoras de carbono da atmosfera e não emissoras. Fiquemos com esse modelo como alerta. Não queremos pobreza e sim prosperidade ao máximo de pessoas com empregos.

36. Ambientes corporativos, informais, virtuais e tradicionais gerando empregos

Responder à questão de como gerar empregos vem depois de se responder quem são e como atuam os destruidores de empregos com destaque à importância de se reindustrializar e diversificar a economia. Quantos empregos deixam de ser gerados devido a violência, alguém já estimou isso? Imaginem a rua comercial que poderia operar a noite, considerando apenas uma rua, são diversos empregos que deixam de existir devido a violência. Imagine quantas festas poderiam ter a noite, negócios, inclusive eventos corporativos e até sistemas produtivos. É enorme a quantidade de empregos perdidos devido as empresas não poderem operar a noite, e mesmo que funcionem, os clientes evitam sair à noite devido a violência. Inclusive a criatividade humana de empreendedores que poderia gerar negócios que sequer existem a noite se não fosse a violência e por vezes, até a burocracia. E quantos empregos são perdidos devido a negócios sensíveis que vivem no limite. Pequenos e médios negócios, por vezes têm que fechar, como uma olaria, serralheria, ou pequena produtora que pela especulação dos espaços e a má administração das cidades é cercada por residências que passam a se apoderar de todo o espaço, e começam a demandar o espaço com reclamações por causa do funcionamento natural dos estabelecimentos. São milhões de empregos perdidos por ano devido a coisas por vezes banais.

Se há algo importante na economia é a diversidade de negócios ao máximo, considerando importância a todos os setores, sem priorizar alguns, mas sempre balanceando os benefícios e o auxílio, com intuito de manter equilíbrio e incentivo sempre a quem produz e gera mais resultados. Quanto mais condições fáceis para empresas, mais há chances de se gerar emprego. Considere se cada pequena empresa gerar renda a seu dono e ao menos uma ocupação a um empregado. Examinando o caso de uma pessoa sem nenhuma renda por um, dois a três anos. No entanto, se muitas pessoas humildes tiverem seu emprego, sua renda, ao consumirem também geram empregos, e ao comprarem produtos e serviços elaborados geram empregos sofisticados e a economia progride. Em Portugal o CNPJ equivale ao NIPC (número de identificação de pessoa colectiva), que é o número de contribuinte, ou NIF (número de identificação fiscal). O mesmo que em inglês seria: *corporate taxpayer or taxpayer's number ou* TFN *tax file number*. Estima-se que haja 10 milhões de CNPJs no modelo MEI no Brasil, isso representa empresas em sua maioria que apenas rende sustento ao próprio dono. São 25 milhões de CNPJ, deste valor removemos 15 milhões que são pequenas empresas. Sobram 10 milhões, e dessas, muitas são empresas bem pequenas. Esses dados remetem sobre o porte da empresa, sua capacidade de crescer, endividamento, tamanho, e com esse senso há como ter mais incentivos e fortalecimento. O objetivo seria incentivar o maior número referente a quantas empresas têm realmente capacidade de empregar e crescer. Simplesmente sair falando que o Brasil tem milhões de CNPJs abertos e não estimar qual o porte desses CNPJs e se realmente são uma empresa estabelecida ou um funcionário com CNPJ não é o objetivo neste estudo. Boa parte das novas empresas não conseguem passar do segundo ano de vida, devido a diversos fatores, e muitos mal conseguem gerar sustento a seus proprietários quanto mais para empregos.

No entanto, estima-se que há 26 milhões de desempregados no Brasil, e haja em tese, ao mesmo tempo 30 milhões de micro e pequenas empresas que gostariam e precisam de um trabalhador para ajudar em suas tarefas e crescer. Conseguir com eficiência esse "casamento" é algo apresentado como um desafio. Com o surgimento de agências e sites de emprego virtual, em tese esperava-se que haveria um incremento mais efetivo de aproximação entre as ofertas e demandas no mercado de trabalho, mas não foi tão simples. Uma série de problemas persistentes continuaram, como distâncias, desqualificações, pessoas formadas em disciplinas deslocadas de sua área de residência versus áreas de produção, burocracias e excesso de problemas diversos. Há diversos tipos de geração de empregos, o emprego sofisticado, o emprego simples a incluir tipos de empregos mais comuns, como: formais, autônomo, empresário, estagiário, freelance, voluntário, pesquisador, técnico, tradicionais como profissionais liberais e serviços diversos. E um país continental precisa ampliar essa diversidade de empresas e de tipos de geração de emprego e ainda mais, capacidade de gerar empregos que não existem, seja pela tecnologia advinda da ciência a empregos sofisticados, alguns que sequer ainda existem, mas estão em formação.

Uma reflexão interessante sobre a virtualização dos negócios é questionável e merece atenção: "*a tecnologia está*

sempre criando empregos. Está sempre destruindo empregos".
Erik Brynjolfsson.

Os ambientes corporativos, informais, comerciais, industriais, agrícolas, extrativistas, logísticos, virtuais e outros geram empregos e renda. Por vezes, a pessoa não precisa necessariamente de um emprego formal para sobreviver e ter uma renda, mesmo assim a economia deve ser diversificada, manter e promover ambientes corporativos ao máximo. Nutrir ambientes corporativos, especialmente em municípios pobres é um meio de gerar empregos para muitas pessoas, o setor público é um dos que mais fazem essa ação, gerando empregos em todo entorno. E sobre ambientes corporativos o Brasil tem um Peter Drucker e não se deu conta ainda. Um verdadeiro promotor das boas práticas empresariais e do ambiente corporativo e de promoção das boas práticas no ambiente de trabalho, um mantenedor da importância do ambiente corporativo e empreendedorismo, o Professor Luiz Marins (Marins, 2012). Todo empreendedor deve conhecer seus trabalhos e aprender com seus livros e lições para manter a motivação e as boas práticas empresariais. Não importando se o empreendedor irá gerar ao menos um emprego simples, se muitos conseguirem gerar ao menos uma ocupação ter se-ia renda para muitas pessoas, e consequentemente uma economia mais forte no todo. É vital e importante manter ambientes corporativos produtivos industriais e diversificação econômica nas cidades. Mas, empregos não se resumem a ambientes corporativos, há também empregos em ambienteis informais. Não é porque uma pessoa esteja de boné e shorts que não esteja trabalhando e produzindo, em ambientes nos quais há surf, por exemplo, ou produção de tatuagem, comércio e serviços para jovens ou locais quentes demais, nem sempre é necessário uniformes. Embora, como vemos em fábricas e lojas, os uniformes conferem um ambiente corporativo e não são apenas roupas sociais. Sendo o mais importante que haja diversidade econômica, produção e geração de empregos e renda.

Embora haja muitas formas de gerar empregos, como eliminando a violência nas cidades e promovendo a cultura de manufatura artesã, talvez com ações de combate as burocracias e incentivos à educação mais efetivas, assim como liberdade econômica de verdade, que não seja apenas para beneficiar o setor financeiro e de especulação dos espaços, uma política nacional de reindustrialização com fomento a esse processo é o melhor caminho. A reindustrialização precisa de ajuda, a começar pelo fornecimento de espaço livre de burocracias, mais polos industriais e de serviços com todos os benefícios, incluindo acesso a ferrovias e sistemas de transporte eficientes. A ponto de poderem operar sem nenhum entrave. A reindustrialização é o melhor caminho para a geração de empregos, renda e atrair novos negócios, que poderia operar servindo as indústrias. Sem um programa massivo de reindustrialização nacional é difícil esperar por melhorias econômicas.

Durante a pandemia do coronavírus de 2020 a população mundial atenta percebeu que ciência não é brincadeira, e diante da emergência, pessoas perderam seus planos, empregos, faliram empresas, mortes e prejuízos em geral. Logo, mesmo diante de um fato assim, qual seria o motivo de a população de cada país não querer reservar ao menos uma pequena porcentagem de seu PIB para investimentos em ciências e o setor industrial de forma monitorada e transparente? Onde há democracia se o PIB do país exclui partes importantes da sociedade, sendo reservado para alguns setores e o restante como a ciência, industrialização, progresso e demais setores produtivos ficam excluídos? Ter um equilíbrio começa pela reserva de porcentagens a cada setor, se um dos setores gastou acima de seu limite não tem o direito de pegar a parte de outros setores. O que ocorre na atualidade é como uma família ir a uma pizzaria e apenas uma parte dos membros dessa família receber um pedaço da pizza, e o restante ficar sem nada. Onde há democracia nesta situação, e onde veremos os setores como o industrial produtivo, ciência e indústrias terem a sua parte devida? Não seria uma reivindicação justa, já que todos estão no mesmo barco? Onde sempre há um desequilíbrio para setores produtivos, ajustar essas inconformidades é vital, e começa pela busca de equilíbrio entre setores e as partes que compõem um país. Como exemplo, porque os administradores de cidades simplesmente permitem que as cidades sejam completamente tomadas pela especulação de espaços das cidades, sem reservar espaços para grandes setores produtivos dentro das cidades, assim como reservas ambientais intocáveis onde até os ditos parques ecológicos da cidade têm mais construção interna do que parque?

Em uma plena falta de senso de gestão de cidades a especulação passa a atropelar áreas de produção e indústrias e assim danificar a diversidade econômica e ambiental da cidade. Isso colaborando com o desequilíbrio econômico pela falta de diversidade produtiva, econômica e toda a dinâmica existente no sistema de negócios que precisa dessa sintonia fina em variedade e diversidade máxima de negócios, ambientes de negócios e espaços para produção que por sua vez, dariam fôlego para outros setores, e sem o qual todos acabam perdendo. Diante desses disparates, que são obviamente injustos, mas não impossíveis de serem corrigidos, soluções surgem e se apresentam. Uma parte das soluções é a reserva de parte do PIB nacional para o progresso do setor produtivo em indústrias, priorizando indústrias nacionais e para exportação, assim como para a ciência nacional feita exclusivamente no país e não para viagens, logo com monitoramento e contrapartida por resultados.

Portanto, uma das soluções para a reindustrialização seria inclusive desapropriações para a abertura de áreas industriais próximo às cidades. Políticas de favorecimento as indústrias e o setor produtivo de indústrias, assim como abolição de impostos do setor produtivo industrial tecnológico de exportação. A busca pelo equilíbrio não é nada mais do que justiça e equilíbrio pela diversificação econômica. O próprio corpo humano precisa de diversificação de vitaminas que vão de A até Z, a economia e as cidades também precisam de diversidade econômica, ter espaços para todos os setores, principalmente industriais e não apenas áreas residenciais. Indústrias, áreas verdes, e ambientes efetivos de negócios fazem falta e é uma das razões do desemprego em massa, portanto, resiliência, equilíbrio, diversidade e justiça são o caminho a ser seguido.

37. O paradoxo do mecanismo – Um modelo de manufatura para reindustrialização

Em tempos de disrupções de modelos econômicos com desemprego, desigualdade, pobreza e excesso de contingente de mão-de-obra ociosa, por que não pensarmos em modelos para integrar produção e pessoas? À primeira vista essa teoria poderia ser erroneamente compreendida como uma espécie de projeto de reindustrialização econômica por uma pequena parcela de *home-office* produtivo e industrial para serviços leves manuais, mas não é bem isso conforme será apresentado. Mesmo porque esse sistema não é novidade, já foi aplicado e ainda é aplicado em muitos países que ainda possuem uma cadeia industrial complexa. Este sistema atual com encadeamentos em forma de pequenos produtores intermediários. Na realidade, vivemos uma época com excesso de foco das elites, na maioria dos países ricos, focada em sistemas produtivos de ponta, seguindo termos da moda como produção digital, que no final só querem se livrar dos custos. Enquanto em países em desenvolvimento sequer mantém a indústria de base, e as indústrias remanescentes de transformação e manufatura que estão a própria sorte, sem apoio de governos ou financeiro. Tudo isso nos leva a uma situação de mundo complicada perante a realidade econômica, já que uma economia sem o setor produtivo não é sustentável.

Ao invés de focarmos nos gargalos reais das indústrias remanescentes, as ajudando a se tornarem competitivas para com essa base solida ganhar músculos para depois focar nas indústrias de ponta, observamos o inverso. Já se mira em empresas da ponta do conhecimento, enquanto as commodities minerais estão indo brutas para os portos deixando o país sem que se tenha um sistema industrial de base para as processar e gerar valor agregado a essas riquezas. E a conclusão que podemos chegar, especialmente nas indústrias que deixaram de existir no Brasil é que a questão não foi puramente de competitividade, mas da falta de uma sintonia fina entre produção, mão-de-obra, comercialização e falta de política industrial nacional. O objetivo deste trecho não é discutir os problemas, mas apresentar rotas, começando por indústrias mais simples e a sua importância. Demonstrando que há um paradoxo nessa máxima de dizerem que o Brasil não tem indústrias eletrônicas em volume, e de fato não há. E o paradoxo se aprofunda ao dizerem que a mão-de-obra nacional não tem disciplina para montagem de muitos componentes, uma exigência para a indústria eletrônica, assim como razões de custos da mão-de-obra com produtividade lenta comparada com as da Asia. Totalmente verdade em partes, mas não tão verdadeira assim se o modelo for alterado como será apresentado. E novamente discutindo o problema da maioria dos países que se desindustrializaram. Um dos agravantes remete a diversidade e complexidade econômica. A diversidade econômica é a base de toda economia próspera, conforme apresentado a seguir na imagem 20.

Imagem 20 – Base atual para as industrias de alta complexidade e aumento de diversidade econômica, baseada no tripé da engenharia, computação e nanomanufatura aditiva. Fonte: desenvolvimento do autor.

Para apresentar e provar que o Brasil tem potencial enorme de ter uma forte e competitiva indústria eletrônica, eletromecânica e de produtos complexos de baixo custo, este trecho irá apresentar uma teoria criada pelo autor chamada: "o paradoxo do mecanismo", complementar ao paradoxo da calculadora já apresentado. Tudo baseado em modelos de indústria compartilhada com produtos sob demanda. Um modelo que integre apenas produtos não competitivos ao país que o adotar e que sejam compostos por dependência de montagem manual e complexa. Nesta linha de produtos envolvem brinquedos complexos, circuitos integrados, montagem de placas eletrônicas e componentes, relógios, eletrônicos, eletromecânicos, calculadoras, produtos digitais e outros produtos diversos para produção em alto volume para exportação e venda interna atacadista.

Este sistema apresentado seria baseado em modelos de negócios chamados CMR (compre, monte e revenda), havendo a possibilidade de tudo ser operado sob demanda inclusive. Modelos de produção sob demanda seriam para atender gargalos não competitivos de indústrias que necessitem montagem de componentes. Porém, este seria um caso de produção atacadista coordenado por demanda a reposição de estoques e consumidores finais, finalizado com exportação em volumes e que necessitariam de parcerias com o governo. Algo como 75% dessa produção seria para exportação e como teria múltiplas conexões não poderia pagar impostos múltiplos já que as peças teriam que passar da fábrica para a atacadista e para os revendedores e consumidores que os montaria e os revenderia ou os devolveria para ser exportado ou vendido internamente. Como envolve uma logística local encadeada a questão tributária seria mais complexa, esta é a razão de tudo ser feito localmente nas comunidades, e em fundos de quintal para que só depois entre no mercado formal. Tudo isso deve ser acordado junto a prefeituras e sistemas oficiais para que não haja nada fora da lei e que traga benefícios e renda para as pessoas pobres, desempregadas, a comunidade acadêmica e escolas técnicas inclusive. E obviamente para a geração de impostos e renda a muitas pessoas, e com a geração de impostos, estes serem reinvestimentos nas cidades locais com a produção e exportação de produtos manufaturados com boa complexidade de montagem e.g., guarda-chuvas, relógios, eletrônicos de primeira geração. Esse modelo de negócio seria ideal para locais altamente povoados como em cidades dormitório e comunidades densas com poucas empresas.

O paradoxo do mecanismo constituí um modelo para substituir importação, com produção competitiva local e até subsidiada em alguns casos para gerar renda por produtos com potencial estratégico para substituição dos importados e principalmente para exportação. Toda vez que a mídia anuncia crise econômica podemos observar os centros populares atacadistas, que mesmo nos piores cenários apresentados de crise econômica e de desemprego, sempre estão com bom movimento. E notamos as sacolas e caixas saindo desses atacadistas sempre cheias, porém, a maioria absoluta de importados, o que gera empregos lá e não aqui. O que contradiz novamente o senso comum, e entramos em outro paradoxo que desfaz a razão de crise absoluta, se mostrando uma questão de alocações produtivas e inações de ações de políticos em relação a desindustrialização. Essas lojas atacadistas continuam vendendo, mas gerando empregos do outro lado do mundo, enquanto localmente o desemprego só aumenta. Lançando a população vulnerável e até qualificada em uma espécie de situação paradoxal ao nível Ardil-22 ou popularmente conhecida pela analogia de estar em uma sinuca de bico.

Tudo é uma questão de arquitetura no sistema de produção, ou melhor, uma remodelagem nos processos de produção de produtos simples, mais complexos. Ou seja, sempre mirando em produtos que não sejam feitos no país, e que não gerem competição para indústrias locais, ao contrário, as complemente, como gerando produtos complexos que estas atualmente importam. Portanto, que as integre e inversamente também, para indústrias consolidadas fornecer os componentes e partes para essas novas microindústrias, contrariando as vantagens comparativas. A proposta no geral é uma unificação entre indústrias remanescentes, prefeituras, população, técnicos, engenheiros, academias, escolas técnicas, setores comerciais, lojas, atacadistas, representantes, vendedores e o setor digital para que todos trabalhem diante destas novas fontes de produção. A ideia estaria em tornar a produção tão competitiva que os produtos nacionais produzidos nesse sistema atacadista sob demanda no modelo CMR (compre, monte e revenda), com algumas garantias em alguns casos mais complexos se tornaria um modelo de alta produção em volume para exportação. Incluindo neste modelo os setores atacadistas de cadeia comercial e exportadores de forma organizada. Com a garantia de compra da produção das pessoas, seguindo o volume de vendas nacionais e da rede de exportação internacional.

Deste modo, com alta produção ao invés do país mirar apenas mercados nacionais em substituição de importados, teria competitividade para exportar, produtos manufaturados mais complexos. Qual a razão assim que o país não poderia vender para grandes lojas no exterior como um fornecedor global atacadista? Com o país fornecendo para grandes lojas comerciais como a indiana Flipkart na Índia, Amazon pelo mundo e até para sites atacadistas globais, além de grandes shoppings pelo mundo. Priorizando produtos eletrônicos e eletromecânicos de consumo final? Seguindo o paradoxo do mecanismo que está aqui sendo apresentado. Por que tantos produtos veem de outros países sendo que o país tem tantos desempregados e pessoas desocupadas? O paradoxo do mecanismo apenas traz uma alternativa as pessoas, uma possibilidade real de trabalho e renda. E para tornar tudo isso real basta uma remodelagem em alguns processos de produção. É necessário refletir se deveremos continuar vendo produtos vindo do outro lado do mundo enquanto temos máquinas paradas e mão-de-obra ociosa. Com foco nas famosas indústrias REM (*repetitive manufacturing process*) ou processo de manufatura repetitiva, produção por pequenos lotes e lojas fábricas. Na década de 80 havia muitos pequenos produtores com microfábricas, na maioria das cidades eram chamados popularmente de pequenas indústrias de fundo de quintal. Boa parte dessas fábricas se encadeavam com sistemas industriais maiores complementarmente, gerando renda e impostos. Essas minúsculas empresas normalmente tinham pouca automatização, a maior parte da produção era artesanal e envolvia a montagem manual de muitas partes, além do processo de embalagem. Envolvia processos simples, como checar as partes e componentes para eliminar e descartar os possíveis defeitos. Dobrar as embalagens, contar as embalagens, carimbar, anexar em blisters, contar o conteúdo, embalar, selar, colar adesivos e outros processos de montagem ou colagem e etiquetação. Muitos desses produtores criavam esquemas no qual em escolas, associações, igrejas e outros locais convidava pessoas para passar no local e levar para suas casas determinada quantidade de partes da produção. O convite informava que a cada 1000 unidades montadas a pessoa receberia automaticamente determinado valor. As pessoas que aceitavam, levava para suas casas os componentes, os montava e levavam de volta para receber. Era um home-office da produção, ao qual as pessoas trabalhavam quando desejassem. O resultado envolvido eram muitas pessoas fazendo esse trabalho como um complemento de renda após o trabalho formal. Em alguns casos as pessoas trabalhavam ao chegar em suas casas e no final de semana obtinham um valor suficiente para complementar a renda mensal.

Se baseando neste modelo, com o retorno de pequenas indústrias de fundo de quintal e com uma organização central que envolva comerciantes e atacadistas com espaço a absorver essa produção, os priorizando para substituir importados é um grande filão para geração de renda e ajudar como uma peça no grande quebra-cabeça que envolve a reindustrialização. Através do conceito de célula de produção flexíveis no qual as pessoas compram as peças para que as montem em suas casas. Não é novidade, sendo chamada em países da Asia como produção formiga, tudo no atacado e com compra garantida da produção. Basta imaginar este sistema aplicado em bairros que não tem empresas, mas muita mão-de-obra ociosa, aposentados que desejam ter alguma tarefa para se ocupar e comerciantes para produzir em suas horas ociosas. Além de prioridade de revenda em comércios parceiros, e selos de produto nacional, apresenta enorme potencial de geração de renda e nacionalização de produtos. Como informado, esse modelo de células de produção flexíveis seria útil até para os pequenos comerciantes que tem algumas horas de seu dia ociosos. Durante esse período poderiam passar para atividades produtivas lucrativas, como montando peças de componentes para revender em suas próprias lojas, físicas ou virtuais, assim como para revender a produção feita a mais para grandes lojas e redes de distribuição e principalmente para exportação.

Há centenas de modelos de possíveis negócios, até mesmo plataformas virtuais possíveis de venda, marketing e divulgações integradas.

Pessoas com o tempo ocioso em seus trabalhos autônomos, lojistas, aposentados, estudantes, também poderiam ganhar dinheiro pela produção ou por cada divulgação, anúncio e venda realizada. Ao comprar peças no atacado e montar os componentes, gerando produtos com preços competitivos. A pessoa que desejar montar os produtos, especialmente eletrônicos, eletromecânicos e que envolvam montagem complexa de muitas peças. O interessante neste processo é que estaria sempre aberto a quem tiver interesse, bastaria visitar os locais atacadistas ou produtores, comprar as peças e montar, sem nenhum empecilho. E já começar a trabalhar nesse negócio de revenda. Para produtos mais complexos as pessoas receberiam uma qualificação previamente para o trabalho, incluindo material de qualificação como manuais de montagem, CDs e vídeos passo a passo em várias mídias. No caso, seria um projeto de nacionalização de muitos produtos. Na imagem 21 (a) e (b) podemos notar um simples relógio com tecnologias simples. A produção das pequenas peças é algo realmente barato e podem ser injetadas, fundidas, performadas aos milhões, peças de centavos, assim como os demais componentes automaticamente. O maior custo envolve o processo de montagem que em sua maioria é manual. Mas se o processo fosse conforme apresentado com a teoria do paradoxo do mecanismo, no qual os comerciantes, revendedores e pessoas desempregadas, aposentadas e estudantes quiserem comprar no atacado as peças no modelo CMR (compre, monte e revenda). E com a recompra das peças montadas que não vender garantida, seria uma possibilidade de tornar esses modelos de indústrias possíveis em um país com tanta mão-de-obra ociosa, esse sistema se apresenta como uma oportunidade interessante. Em tempos de digitalização econômica e da produção automatizada já avançada no mundo quem se interessaria em fazer em massa os produtos simples que ainda possuem certo nível de tecnologia e ainda não dominada produtivamente pela maioria dos países. Mesmo estes produtos ainda possuindo alto volume de mercado consumidor nacional e internacional. Seja um relógio despertador, um guarda-chuva ou outros milhões de produtos.

(a)

(b)

Imagem 21 (a): O mecanismo interno do relógio contendo aproximadamente 30 trinta componentes a serem montados. Imagem 21 (b): A frente do relógio contendo a tampa, um adesivo de papel e ponteiros. Fonte imagens: autor.

Conforme podemos notar nessas imagens, não é segredo a produção desse produto, são partes injetadas por moldes. Contemplam uma placa de circuito eletrônico impressa com componentes como um sensor quartzo, peças que podem ser produzidas automaticamente, e pequenas peças em metal, além das engrenagens e ponteiros. Importante que o leitor não considere esse produto como o que seria produzido, sendo apenas um exemplo diante de mais de 100.000 mil outros produtos possíveis de serem produzidos neste processo seguindo essas teorias. Novamente, usando o relógio despertador como exemplo. Se uma pessoa comprasse 1000 unidades de conjuntos desse produto no atacado, vendidas em pacotes, e as montar, ao final da produção teria as 1000 unidades prontas para revender com preço altamente competitivo. Atualmente, vemos muitas lojas de concerto de celulares, praticamente montando reposição de dezenas a centenas de peças diariamente, e outras lojas com pessoas ociosas. Qual a razão dessas pessoas não passarem ao menos 1/3 de seu dia montando peças de produtos, e os revendendo, como o próprio dono da loja, ou fazendo vendas de maneira digital ao invés de só ficarem esperando fregueses? Já que com isso podem vender mais e irão ganhar em custos e produtos com preços competitivos. Muitas empresas eletrônicas não conseguem se instalar no Brasil por motivos de custos de mão-de-obra de montagem manual que acabam por. inviabilizar o negócio devido a concorrência internacional de grande volume. Em determinadas tarefas não é viável ou difícil a automatização, logo não basta instalar um equipamento e.g., *pick-and-place* ou sistemas inteligentes de produção e tudo estará resolvido. Há casos no qual a mão-de-obra humana é indispensável. O que não falta em muitos países é mão-de-obra ociosa, e pessoas atrás de uma fonte de renda. Esse modelo de CMR (compre, monte e revenda) e com garantia de recompra da produção, segundo a demanda das redes compradoras de atacadistas e exportadores, se apresenta como um passo para parte do processo de reindustrialização. Inclusive com parcerias entre grandes lojas para ajudar a nacionalização de produtos, logo, seria uma possível saída para o desemprego em massa que assola muitos países.

Essa teoria apresentada neste estudo é um paradoxo diante da cruel realidade da desindustrialização. Em teoria, o paradoxo contradiz logicamente uma verdade quase absoluta, também contradiz condições de intuição comum. Portanto, o paradoxo é o oposto do que se impõe como verdade absoluta. Diante desse termo, este processo vem contradizer a realidade de que países como o Brasil não sejam competitivos em produções complexas, eletrônicas e que envolva grandes volumes a preços baixos. Portanto, o paradoxo do mecanismo ainda como teoria, traz esse modelo de manufatura como uma saída para a desindustrialização massiva ao qual muitos países passaram nas últimas décadas. Logo, teoricamente, o paradoxo do mecanismo se apresenta como um vetor de reindustrialização em massa pelos componentes complexos. Desde relógios a RFID, circuitos impressos, componentes eletrônicos, eletromecânicos, brinquedos, guarda-chuvas, aparelhos de instrumentação e centenas de outros no qual dentro de indústrias convencionais se tornariam inviáveis, mas viáveis no processo de produção formiga. Porém, tudo deverá ocorrer dentro de um plano amplo, envolvendo pequenas e médias indústrias, comerciantes, atacadistas, centros de distribuição, exportadores e apoio dos comerciantes priorizando esses produtos aos importados e junto as administrações municipais para que envolva as comunidades gerando ocupações e impostos locais. O fato é que a desindustrialização e o desemprego continuam ao passo que vemos grandes lojas abrindo galpões para absorver importados, lojas atacadistas em centros populares com produtos do exterior com congestionamento em seus caixas e pessoas saindo desses centros atacadistas com um elevado fluxo de sacolas cheias. Portanto, se houver meios de substituir ao menos 30% dessa força poderosa de comércio por produtos nacionais, substituindo importados, já representariam centenas ou milhares de empregos.

Podemos observar o que a falta de diversidade econômica causa em um país na obra: "a maldição do petróleo" (Michael L. Ross, 2019), quando um país aposta todas as suas fichas em um setor. No caso do Brasil que há décadas está apostando em commodities e liberalismo financeiro, o desastre se deu pela desindustrialização. A maldição das commodities e especulação imobiliária de patrimonialismo, assim como explicado no livro sobre a maldição do petróleo, expõe as consequências da falta de diversificação econômica complexa como um erro econômico grave. Nesta linha de pensamento, vemos a indústria de base, manufatura, transformação e indústrias que trabalham nas fronteiras de ponta tecnológica, quando em alguns países subdesenvolvidos, quando existem estão desconsideradas pelas políticas industriais e a própria sorte. O paradoxo do mecanismo tenta reverter nos centros atacadistas e grandes varejos os produtos importados por nacionais e complementando produtos a algumas indústrias, como realizando alguma tarefa intermediária em alto volume. No geral, essa teoria é uma tentativa de marcar presença com produtos nacionais em excesso. Está é uma opção real, mas também há a opção abstrata e sonhadora de ficar esperando o país se tornar um produtor de chips e produtos de ponta, sem investimentos e em um mercado já saturado com empresas centenárias. Diante dessa realidade podemos nos questionar, onde está o equilíbrio econômico? Se transformam cidades em áreas de serviços e comércio, como ficam os trabalhadores que passaram suas vidas estudando e se especializando em indústrias? Simplesmente são excluídos da economia? No caso do Brasil atual a indústria de manufatura e de transformação são as mais prejudicadas. Enquanto as indústrias mais modernas as chamadas industriais de ponta ou fronteira tecnológica, quando existem, estão à propria sorte. Na tabela 12 podemos observar um exemplo aleatório de tipos e modelos de indústrias e sua relevância ou atenção recebida.

Tabela 12 – indústrias e classificação onde a destinação de recursos e atenção destinada ocorre.

Ind.	**Setores industriais**	**Porcentagem de atenção e dedicação de recursos no Brasil**	**Potencial e longevidade dos empregos**	**Concentrador de renda**
1	Construção	Excessiva	Médio – curto período	Alta
2	Manufatura	Mínima	Alto – longo período	Baixa
3	Transformação	Mínima	Alto – longo período	Baixa
4	Artesanato	Nulo	Baixo – longo período	Baixa
5	Analítica	Pouca	Alto – longo período	Alta
6	Base	Pouca	Alto – longo período	Baixa
7	Intermediárias	Pouca	Alto – longo período	Baixa
8	Bens de consumo	Pouca	Alto – longo período	Baixa
9	Extrativa	Excessiva	Baixo – médio período	Alta
10	Científicas	Mínima	Alto – longo período	Baixa

Fonte: pesquisa do autor.

Conforme observado no gráfico, algumas indústrias têm a menor concentração de renda ou distribuição, e o maior potencial de gerarem empregos de longo período para as pessoas e com alto potencial de desenvolvimento produtivo, encadeamento econômico e suporte a pequenos negócios que por fim acabam gerando ainda mais empregos. As indústrias de base, transformação e manufatura, visivelmente são as que mais sofreram com a desindustrialização, e as que mais empregam a longo período, com alto potencial de geração de bons empregos. Como dito, nos centros comerciais atacadistas as sacolas estão sempre cheias, na maioria dos grandes varejos que vemos pelas ruas e virtualmente. Em alguns casos, a quase 24 horas por dia, não param de vender, especialmente no atacado. Observamos que o caso não é plenamente crises financeiras do país. Seria no mínimo antiético dizer que um país com PIB trilionário não tenha dinheiro para nada, como uma porcentagem para políticas industriais, ao mesmo tempo que observamos que nunca falta para pagamento de juros, que sequer atrasa a grandes concentradores de renda, especialmente a capitais improdutivos. Logo, onde está a parcela do PIB para o os investimentos em progresso e ciência industrial com política industrial e para a indústria de base, manufatura, transformação, e para a pesquisa e o progresso, em alguns casos, chega a zero. Como ficam os jovens e pessoas que se dedicaram a estudar, muitos passam toda a vida se especializando em indústrias, neste caso engenheiros de todos os segmentos, técnicos, químicos, especialistas e demais cargos. Estes simplesmente ficaram sem a parcela produtiva econômica industrial. Imaginem se extinguíssemos as empresas financeiras, como ficaria as pessoas que se especializaram nesse setor? Será que iriam gostar que lhes tirassem o palco que passaram a vida se especializando para atuar? E se a política e partidos se tornassem crime, e não mais pudessem existir? É exatamente isso que fizeram pela desindustrialização em massa com as pessoas que dependiam de indústrias. É algo que afeta a diversidade econômica gravemente. Por outro lado, em tempos no qual só se fala em inovações, disrupções tecnológicas, digitalização, a países desindustrializados manter esse foco é como querer ter uma formação acadêmica de ponta sem ter passado pelo estudo primário e ginasial. Portanto, enquanto só se fala em modernidades e indústrias 4.0 este estudo tentou apresentar o inverso a tudo isso, como atalho para se chegar em pontos mais modernos. Notamos que em muitos países sequer o básico foi feito, portanto apresenta-se como um mínimo a dedicação de ao menos tentarmos formular uma rede industrial de produtos simples, baseados na substituição de importados, como eletrônicos, eletromecânicos e produtos ao qual o país não tenha competitividade pelos padrões de produção tradicionais.

Hipoteticamente, seria como uma pessoa sem recursos que mora em um local sem transportes públicos, precisando de um meio de locomoção, e ao invés de se planejar para comprar primeiro uma bicicleta, e com o tempo uma moto ou carro popular barato, ficar planejando, discutindo e sonhando em ter um jaguar ou um Rolls-Royce de último lançamento. Não seria este o nível de pensamento de países desindustrializados ao vermos tanta discussão sobre modernidades e indústrias de fronteiras tecnológicas? Sendo que temos tanta mão-de-obra desesperada por uma fonte de renda, ao invés de montarmos a fundação para apoiar primeiro esse contingente, depois irmos subindo as vigas e paredes, algo como elevar a escada, degrau a degrau, até se chegar nos altos níveis produtivos. Aplicando o sistema produtivo CMR (compre, monte e revenda) apresentado pelo paradoxo do mecanismo, qualquer pessoa, eventualmente sem renda, pode se ocupar imediatamente. Com uma forte rede formada de revenda no exterior desses produtos, e com representantes internos no próprio país e lojas parceiras, não há limites e é possível se produzir desde produtos complexos como um relógio até mesmo produtos tão simples quanto um brinquedo que exija montagem de várias peças.

E o caminho pode ser pelo estímulo a geração de uma rede industrial de microindústrias de produção das peças aos milhões para produtos de baixa, média e alta complexidade. Tudo com foco na substituição de importados e para exportação. Embora seja algo difícil de implementar, especialmente por envolver muitas pessoas, negócios e questão tributária. Recordar os problemas causados pela desindustrialização é o básico a ser feito. Recordemos também que as lojas atacadistas continuarão vendendo muito, independente se os fornecedores continuem sendo do exterior ou pelas ações locais. Temos a escolha, e podemos abocanhar parte desse montante e gerar renda nacional e impostos ou apenas se acomodar.

38. O que esperar sobre empregos e o mercado nas próximas décadas

Este trabalho buscou expor ao leitor muito além de pontos de vista técnicos para a geração de empregos e alternativas de renda trazer energia, senso de propósito e esperança aos negócios e a habilidade com pontos de vista crítica. A tendência econômica está a cada dia se tornando um pesar de desemprego em massa para o ocidente, e culpar a automatização é fácil, há dezenas ou centenas de outros fatores envolvidos. A começar pelo problema da desindustrialização massiva no ocidente, os problemas e conturbações políticas, a instabilidade econômica frequente, a desqualificação de grande parte da mão de obra, em alguns casos até a falta de disciplina, setores especulativos, em sua maioria geradores de desemprego, passando por cima do setor produtivo. Os impostos constantes ao setor produtivo, décadas sociais e econômicas perdidas e a falta de políticas de incentivo à produção nacional. E não há um projeto de industrialização no país, planejado por engenheiros industriais, cientistas, urbanistas, além de uma porcentagem mínima reservada do PIB garantida para investimentos em progresso e industrialismo científico, produção e diversos outros problemas. A questão é bem maior do que um parágrafo poderia expor, no entanto, apresentar a enorme grade de problemas é até de certo modo fácil. Apresentar soluções para contornar esses problemas é onde está a questão.

O mundo está a caminho de um sistema de produção de alta eficiência com baixa tolerância a erros em um sistema de produção refinada, junto à virtualização de negócios com baixo volume de empregos operacionais. Estamos atualmente na era de altas tecnologias, e há um significativo avanço no momento rumo a centenas de novas tecnologias e a popularização da edição genética e aplicações práticas em ciências de partículas e nanotecnológicas que em princípio eram teorias acadêmicas. Mas seus conceitos já estão passivos a serem transformados em tecnologias e consequentemente em produtos. Na atualidade estamos diante de muitas novidades que vão aparecer cada vez mais. Desde que a ciência passou a evoluir junto à computação lhe conferiu condensação de informação e velocidade, e novas tecnologias vêm exponencialmente crescendo, e a analítica concentrada cada vez mais densa. Como os circuitos eletrônicos de armazenamento de dados, cada vez menores e com maior capacidade e aumento constante exponencial da área superficial. Estima-se que entre 2000 e 2020 se produziu no mundo mais ciência do que todos os séculos anteriores. Porém, uma ciência sofisticada, densa e concentrada de alta complexidade que ainda não resultou em avanços significativos de tecnologia prática diante de seu alto potencial. A maior parte do que já foi descoberto e pensado nesse período ainda não se transformou em tecnologia e consequentemente produtos. Explicando o processo: primeiro se gera a ciência básica, e depois, partindo dos conceitos da ciência surgem as tecnologias que são transformadas em produtos por design industrial. Para produzir esses produtos surgem empresas que geram demanda e consequentemente empregos como resultado. Não é algo que uma pessoa comum deva focar e ficar bem-informada constantemente, já que ainda são teorias e não é algo que possa ser rápido, assim como poderá ser algo volátil ou mesmo, ser completamente automatizado. O ideal é apenas ficar acompanhando os acontecimentos, e sempre estudar e se manter atualizado. Se cada pessoa fizer isso há melhores chances de conseguir oportunidades, assim como se proteger em caso de extinção de funções ao se preparar para outros cargos antecipadamente. Empregos estão se tornando escassos, a concentração de renda massiva e a concorrência aos negócios se mostram cada vez mais intensas, logo, a complexidade seja para o empresário ou empregado está se tornando impossível para a maioria das pessoas.

Portanto, podemos dizer que a tecnologia que temos hoje em dia é predominantemente de antes dos anos 2000, salvo e guardadas algumas exceções. Mas, as tecnologias mais sofisticadas, baseadas em ciências densas, ainda não surgiram como produtos e serviços. É sobre essas novas ciências que está para ocorrer uma revolução estimada após 2025. As tecnologias baseadas nas ciências quânticas são um exemplo claro ao qual resultaria em produtos de alto valor agregado. O computador e a lógica sendo líderes dessas novas tecnologias, mas todo o leque que virá a seguir é enorme. No campo da biologia assim como em todas as ciências há muitas tecnologias que se tornarão produtos e mudarão conceitos. É nestes detalhes que poderão surgir novos empregos, assim como muitos empregos atuais poderão ser eliminados. Por mais simples que as pessoas sejam e por mais comum ou tradicional que sejam suas ocupações e ofícios, é interessante que tenham esse conhecimento. Basta ler revistas de bancas de jornais, se informar e acompanhar os acontecimentos sobre o que está por vir. Assinar revistas especializadas impressas ainda é um dos melhores meios de se atualizar. Há de fato um desequilíbrio entre oferta e demanda. E as demandas podem ser geradas, caçadas ou criadas do nada. Os iPhones modernos são uma prova de que demandas podem ser geradas, mas não é nada fácil hoje em dia. A atualização em conhecimentos, técnicas, e qualificação de pessoas e empresas tem que ser constante. Nem tudo será apenas automatização, digitalização, economia verde e economia criativa. O caso é muito mais complicado com alta complexidade econômica que está sendo formada. E muitas pessoas serão excluídas, ainda mais do que há em exclusão na atualidade. Trabalhos como este livro tentam trazer alternativas, gerar metodologias, trazer novos pontos de vista, e incentivar as pessoas a colocarem sua criatividade em prática e empreender a todo custo. Simplesmente, porque os cenários altamente tecnológicos, inclusive distópicos que estão se desenhando são altamente concentradores de renda. Infelizmente, quem não reagir com maestria e alta habilidade poderá não se dar bem. Vale lembrar e refletir que os atuais celulares modernos não existiam há pouco tempo, e hoje há uma procura a chamar atenção de potênciais mundiais pelo controle de produção desses dispositivos, tamanha a demanda por esses aparelhos. Isso demonstra claramente que a demanda foi criada através de algo criado, inventado e melhorado constantemente, a demanda foi gerada através de algo criado, inventado e melhorado constantemente.

"Oportunidades não surgem. É você que as cria".

Chris Grosser.

Até o presente momento ainda não apareceu nenhum sinal de alguma quebra de paradigma que desfaça essas previsões pessimistas. Alguns novos negócios ou economia que gere empregos, especialmente em volume ou alguma tecnologia ou mudança setorial ou política global que possa desfazer a máquina tecnológica que está sendo formulada e tomando corpo no mundo a trazer mais desemprego. Portanto, essa obra tentou trazer ideias, propósito, esperança e alertar as pessoas sobre a importância de se empreender e fazer o que for preciso para conseguir uma fonte de renda própria, por menor que seja, mas que seja permanente. Simplesmente os anos estão ficando rígidos e sem lugar para mais pessoas nos ambientes de trabalho. Por essa razão é sempre importante estar fazendo ou procurando algo para ser feito ou melhorado, mesmo por vezes falhando e até não ganhando nada. Além do dinheiro, pode-se ganhar networking, aprender novas habilidades, ganhar algum conhecimento, mas com objetivos claros e metas. Todos devem fazer algo, estudar, se qualificar, solicitar as autoridades pelo incentivo a mais espaços comerciais, polos industriais e acima de tudo promover e expor ambientes corporativos produtivos, através de industrialismo científico. Atitudes simples como se educar como consumidor e só comprar e consumir de empresas que gerem empregos é um dos contra-ataques ao monstro destruidor de ocupações.

Portanto, esse estudo multidisciplinar sobre ciência, empreendimento, empregos, ambiente corporativo, industriais e a conjuntura produtiva é um chamado a todos por um pacto entre todos pela geração de emprego, renda e reindustrialização. Se o país tem pessoas capazes de montar e tocar uma fábrica de tintas nacional, que já contém alto nível tecnológico, porque não abrir uma fábrica de veículos nacionais, ou ousando um pouco além, produzir carros de luxo, ou uma fábrica de pilhas e baterias, artigos complexos, circuitos eletrônicos, peças complexas e tantos outros exemplos que poderiam gerar empregos? Se as pessoas começarem a analisar e buscar o equilíbrio econômico e tornar suas capacidades em produção nas cidades, notarão que tudo é baseado em completar os espaços em ofertas e demandas, disponibilidade causada e provocada versus as procuras que são estimuladas por essas ofertas. Seja para conseguir um bom emprego, assim como na geração de negócios, tudo é regulado pela famosa oferta e demanda. Os excluídos pelo excesso de contingente serão a cada ano maiores se não houver diversidade econômica e investimento em produção.

39. Referências

Dale Carnegie., Como Fazer Amigos e Influenciar Pessoas - Editora Simon & Schuster. 1936.

Plonski. A. G., (2017) - Inovação em transformação - Scielo. p.3.

Salim C. S., (2010) Construindo planos de empreendimentos - negócios lucrativos, ações sociais e desenvolvimento local - Elsevier/Campus, p.20

Martin R. (2009) The Opposable Mind – Winning through integrative thinking – Harvard business press – Boston Massachusetts.

Moreira, D. A.; (2018) Administração da produção e operações. 2º ed. Cengage Learnig. 23p.

Nogueira. M. H.; Borges. G. F. (2015) - Por que as empresas "fecham as portas"?

Compreendendo a mortalidade de empresas locais - Revista brasileira de gestão e engenharia – ISSN 2237-1664 - Centro de ensino superior de São Gotardo - Número XI – pg.118-133.

Braga. D. C., (2006) Turistas de negócios na cidade de São Paulo: um estudo de demanda segmentada - Turismo em Análise, v. 17, n. 1, p. 85-107.

Kane, J., (2017) - Youtube Music. Álbum: The New Dawn - Jeremiah Kane MIDNIGHT ECHO, Disponível em: <https://www.youtube.com/watch?v=HpsL4fTNbWI>, Acesso em: 18/04/2020. il. color.

WWF, (2019) – Banco Mundial (What a Waste 2.0: A Global Snapshot of Solid Waste Management to 2050). Disponível em: <https://www.wwf.org.br/?70222/Brasil-e-o-4-pais-do-mundo-que-mais-gera-lixo-plastico>, Acesso em 20/04/2020.

IBGE, (2020) - Demografia das Empresas e Estatísticas de Empreendedorismo - Disponível em: <https://www.ibge.gov.br/estatisticas/multidominio/empreendedorismo/22649-demografia-das-empresas-e-estatisticas-de-empreendedorismo.html>, Acesso em 15/06/20.

Pickpik, (2019) – Street Vendor - Disponível em: <https://www.pickpik.com/street-vendor-selling-rural-market-market-vendor-food-149079, Acesso em: 15/06/20.

Ferreira. O. P. et. al (2007) – Ecomateriais: Desenvolvimento e Aplicação de Materiais Porosos Funcionais para Proteção Ambiental - Quim. Nova, Vol. 30, No. 2, 464-467.

Rezende R. C. et.al. (2013) - A erradicação do trabalho escravo no Brasil atual - Revista Brasileira de Ciência Política, nº10. Brasília, pp. 7-39.

Queiroz F. A. (2009) - Impactos da sojicultura de exportação sobre a biodiversidade do Cerrado - Sociedade & Natureza, Uberlândia, 21 (2): 193-209.

Wikipédia (2005) – Pontes sobre o litoral Paulista sobre a serra do mar, por cima da mata atlântica – <https://pt.wikipedia.org/wiki/Rodovia_dos_Imigrantes> Acesso em 26/07/20.

Antunes R. (2018) - O Privilégio da Servidão. O Novo Proletariado de Serviços na Era Digital - Editora Boitempo.

Maccarini A. C. (2014) – An Efficient Approach for Selective Collection Made by Scavengers for Transportation Logistics of Recyclable Materials – Independent Journal of Management & Production. (IJM&P), v. 5, n. 1, DOI: 10.14807/ijmp.v5i1.80.

Glaeser, Edward (2011), Triumph of the City: How Our Best Invention Makes Us Richer, Smarter, Greener, Healthier, and Happier, New York: Penguin Press, ISBN 978-1-59420-277-3

M. Marian.; (2014) O Estado Empreendedor - 1ª Edição - Editora Penguin.

USDA, (2006) - Departamento de Agricultura dos Estados Unidos – Acesso (05/05/2020) – Disponível em: https://www.usda.gov

Magalhães, R. J. (2005) - Quebra Tudo! Foi para isso que eu vim! E você! - Editora Original.

ATLAS (2020). "Atlas of economic complexity" – Acesso: (19/09/2020) – Disponível em: https://atlas.cid.harvard.edu/explore

Ricardo Hausmann, CA Hidalgo, et al. (2011). The Atlas of economic complexity - Mapping paths to prosperity. Puritan Press - ISBN: 0615546625

Marins, L. (2012) - Ninguém É Empreendedor Sozinho. O Novo Homo Habilis - Editora Saraiva - ISBN-13 : 978-8502075627

GSI (2020) – Global Slavery Index – Acesso: (20/12/2020) – Disponível em: https://www.globalslaveryindex.org and https://www.globalslaveryindex.org/2018/findings/country-studies/china/

Ranking U City (2020) – 10 Cidades Mais Feias do Mundo – Acesso: (10/10/2020) - Disponível em: https://www.ucityguides.com/cities/10-ugliest-cities-in-the-world.html

EquitableGrowth (2009) – Equitable Growth – Acesso: (06/08/2020) – Disponível em: https://equitablegrowth.org.

Snabe, J. H et. al. (2018) Dreams and Details - Reinvent your business and your leadership from a position of strength - Publisher Publishare 1º Ed.

Michael L. Ross (2019) A Maldição do Petróleo: Como a riqueza petrolífera molda o desenvolvimento das nações - Citadel Grupo Editorial; 1st edition.

Thinggaard et.al (2021) Tech For Life: Putting trust back in technology - Publisher Spintype.

Liguori D.S.A (2016) Cristais Líquidos como ferramenta de ensino em física moderna e contemporânea - universidade Federal de Santa Catarina.

Iha K. e Pedrosa, P. (2020) Oficina de Litografia - Editora RioBooks - ISBN-13 : 978-6587913018

Impressão e acabamento
Gráfica da Editora Ciência Moderna Ltda.
Tel: (21) 2201-6662